전열학의 기초

전열학의 기초

Yoshida Suguru(吉田 駿) 지음·박병덕 옮김

경북대학교출판부

저자 Yoshida Suguru(吉田 駿)
1962년 Kyushu대학 공학부 기계공학과 졸업
1967년 Kyushu대학 공학부 강사
1968년 Kyushu대학 공학부 조교수
1973년 공학박사
1979년 Kyushu대학 공학부 교수
現 Kyushu대학 명예교수

역자 박병덕
1991년 Kyushu대학 총합이공학연구과 졸업, 공학박사
現 경북대학교 과학기술대학 자동차공학부 교수

전열학의 기초

초판 1쇄 2012년 2월 29일 | **초판 2쇄** 2023년 2월 27일
지은이 Yoshida Suguru | **옮긴이** 박병덕 | **펴낸이** 홍원화 | **펴낸곳** 경북대학교출판부
출판등록 1973년 10월 10일 ㉣97호 | **주소** 대구광역시 북구 대학로 80
전화 053-950-3830 | **팩스** 053-953-4692 | **E-mail** press@knu.ac.kr
Homepage http://knupress.com

ISBN 978-89-7180-324-0 93550

값은 표지 뒷면에 있습니다.
파본은 바꾸어 드립니다.

저자 서문

열에너지를 직접 취급하는 열기기에서뿐만 아니라 수많은 분야에서 전열학의 지식이 요구되어, 이제 전열학은 기계공학분야 기초학문의 중요한 부분이 되었다.

본서는 대학 혹은 전문대학에서 처음으로 전열학을 배우는 사람을 대상으로 하였으며, 한 학기 동안 강의용 교재로 사용되는 것을 염두에 두고 저술한 것이다. 전열학에 관련된 서적은 이미 많이 출판되어 있는데 모두 특색이 있으며 내용도 뛰어나다. 하지만 대학에서 교재로 사용하기에 적당한 것은 그리 많지 않다. 강의 시 필자는 직접 만든 내용을 노트로 하여 강의를 하였는데 이것이 많은 학생들로부터 호평을 얻었다. 학생들의 호평과 전열학 강의에 적당한 교재가 없는 현실을 고려하여 본서를 출간하게 되었다.

본서를 저술함에 있어서 특히 유의한 점은 다음의 두 가지이다. 먼저 하나는 각 전열 현상의 물리적인 설명을 간결하게 함과 동시에 그 수식화를 알기 쉽게 나타냄으로써 전열학의 기초적인 사고 방법이 몸에 배게 하는 것이다. 또 이때 전열학의 이해에서 본질적으로 중요한 개념인 열저항의 개념을 일관적으로 이용하고 있는 것도 본서의 중요한 특징이다. 단지 사고 방법만을 알아도 실제로 문제를 해결하는 능력이 없으면 전열학을 습득한 것이라 할 수 없다. 그래서 본서에서는 통상 자주 직면하는 대표적인 경우의 전열계산에 필요한 식을 나타냄과 동시에 예제를 많이 들어서 사고 방법과 문제를 해결할 능력을 충분히 익힐 수 있도록 심혈을 기울였다. 각 예제마다 상세한 모범답안을 제시하였기 때문에 독자는 먼저 해답을 보지 말고 예제를 풀어 본 후에 모범답안과 비교하여 자신이 올바르게 이해하고 있는지 혹은 불충분한 점이 있는지를 파악할 수 있다. 더욱이 각 장에 연습문제를 두었고, 그 풀이에는 단순히 최종적인 해답뿐만 아니라 과정상의 요점도 제시하였다.

본서는 전열학을 처음 학습하는 사람을 대상으로 하는 한 학기 동안의 강의를 염두에 두고 집필되었기 때문에 기재한 내용의 범위는 한정되어 있다. 예를 들면 비정상의 전열에 관해서는 거의 나타내지 않고 있다. 본서를 강의용 교재로 사용할 때에는 각 항목의 내용과 분량에서 과부족을 느끼는 경우도 있을 것으로 생각한다. 그와 같은 경우에는 적당하게 생략 혹은 추가를 하여 본서를 이용하여 주기 바란다.

마지막으로 본서의 원고 작성에 협력하여 준 당시 Kyushu대학대학원 공학연구과 조교수 Mori Hideo 씨와 출판을 도와준 Rikogakusha의 Yoshizumi Hisashi 씨에게 감사의 예를 표한다.

Yoshida Suguru

역자 서문

저자의 서문에서도 언급한 것과 같이 열에너지는 각 분야에 걸쳐서 취급되고 있고, 이 열에너지의 유효이용은 산업의 발전과 함께 중요한 과제로 대두되어 있다. 이러한 열에너지의 유효이용을 위한 기초지식으로 열전달(전열학)은 중요한 자리매김을 하고 있다.

『전열학의 기초』는 한 학기 강의로서 적당한 분량과 실제 산업현장에서 부닥칠 수 있는 많은 예제문제와 연습문제로 구성이 되어 전열문제를 이해하고 현장에서 응용이 가능할 것으로 생각되어 번역을 하게 되었다.

원서의 내용을 최대한 잘 전달할 수 있도록 번역에 임하였지만 내용 중에는 서툰 점도 드러날 것으로 생각이 된다. 이는 추후 보완하여야 할 것이다. 내용에 관한 의견이나 질문이 있으면 아래의 E-mail로 연락을 주기 바란다.

2012년 2월

박병덕

E-mail: bdpark@knu.ac.kr

목차

제1장 서론

1.1 전열학의 개념

자연계에는 온도차가 존재함으로 인하여 '열'이라 부르는 에너지가 이동하는 보편적인 현상이 있다. 그런데 온도차가 같으면 언제나 같은 양의 열량이 전달되는 것일까? 그렇지 않다. 상황에 따라 전달되는 열량은 달라진다. 열의 흐름에는 반드시 어떤 저항(이것을 열저항이라고 한다)이 존재하는데, 이 열저항이 상황에 따라 여러 가지로 달라지기 때문이다. 일반적인 물리현상으로서 어떤 것이 흘러갈 때 그 유량은 다음 식에 따라 결정된다.

$$\text{유량} = \frac{\text{포텐셜(potential)의 차}}{\text{저항}} \tag{1.1}$$

어떤 흐름의 예로써, 전기회로에서 전기에너지의 흐름이나 관로 내에서 유체의 흐름이 있다. 전기에너지의 흐름에서는 주어진 전위차(포텐셜의 차)가 있어 전기저항에 대응하여 전류(전기에너지의 유량)가 결정되고 관로 내의 유체 흐름에서는 주어진 압력차가 있어 유동저항(관마찰 등의 저항)에 대응하여 질량 유량이 결정된다. 열에너지의 흐름도 이들과 마찬가지로 온도차(temperature difference)라고 하는 포텐셜의 차이에서 열저항(heat resistance)에 따라 전열량(열에너지의 유량. 즉 단위시간당 전달되는 열량, heat transfer rate)이 결정된다.

$$\text{전열량[W]} = \frac{\text{온도차[K 또는 ℃]}}{\text{열저항[K/W]}} \tag{1.2}$$

따라서 전열학이라고 하는 것은 여러 가지 경우의 열저항을 예측하기 위한 학문이라고도 말할 수 있다. 열저항의 값을 알 수 있으면 예를 들어 어떤 성능을 가진 열 이용 장치를 설계하고(전열면적의 계산), 그것을 안전하게 운전하고(전열면 온도의 계산), 더욱더 그 성능을 향상(전열량의 증대 또는 전열면적의 감소)시키는 연구를 할 수가 있다. 단지 전열학에서는 종래로부터 앞에서 설명한 관계를 열저항이 아니라 그 역수인 열전달의 용이성(heat conductance)으로 표현하여 왔다. 즉 1.3절 이후에 나타나는 열통과율과 열전달율을 정의하고 이들을 이용하여 전열계산을 하는 것이 관례이다. 따라서 위에서 말한 전열학의 목적은 여러 가지 경우의 열통과율이나 열전달율을 예측하는 것이라고 해도 좋다.

그런데 열역학에서는 통상 평형상태에 있는 계만을 취급하기 때문에, 계가 어떤 평형상태에서 다른 평형상태로 변환하기 위해 필요한 에너지의 양은 열역학에 의해서 알 수 있다. 하지만 그 상태 변화가 어떠한 빠르기로 발생하는 것인지, 변화 중의 어떤 시각에서 어떠한 상태로 되어 있는 것인지는 열역학으로는 알 수가 없고 전열학의 지식이 필요해진다. 다음에서 그 예를 몇 개 들어 보자.

① 직경 5cm, 온도 300℃ 인 동제의 구를 온도 20℃ 의 수조에 넣어서 냉각하는 경우 : 최종적으로 열평형상태가 되었을 때 동제의 구와 물의 온도, 동제의 구로부터 섭취한 열량은 열역학에 의해서 쉽게 알 수 있지만 평형상태가 될 때까지 어느 정도 시간이 걸릴지, 물에 넣고 1초 후에 동제의 구의 온도는 몇 도가 되어 있을지 알기 위해서는 전열학의 지식이 필요하다.

② 20℃ 의 물에 의해서 매 초당 1kg의 윤활유를 60℃ 에서 30℃ 로 냉각할 경우 : 매 초당 기름으로부터 섭취해야만 하는 열량은 열역학에 의해서 용이하게 알 수 있지만 이와 같은 냉각을 하기 위해서는 기름과 물 사이의 열교환을 어떠한 방법으로 하면 가장 좋을지, 그리고 그 경우에 어느 정도 크기의 장치가 필요할지를 알기 위해서는 전열학의 지식이 필요하다.

③ 최근의 고집적화된 IC칩에서는 방열량이 크게 되어 있고 그대로는 칩의 온도가 너무 높아서 IC가 정상으로 움직이지 않게 된다. 정상적으로 움직일 수 있는 온도까지 칩을 냉각하기 위해서는 어떠한 방법(예를 들면 공기를 어느 정도의 속도로 흘려보낼지, 혹은 물로 냉각할지 등)을 사용하면 좋을까 하는 문제를 해결하기 위해서는 전열학의 지식이 필요하다.

이상과 같이 어떤 성능을 가진 열장치의 설계와 그 성능향상 혹은 각종 장치의 안전한 운전 등을 위해서는 전열학의 지식이 필요하다.

1.2 전열의 기본적인 형태

전열에는 다음과 같은 3가지의 기본적인 형태가 있다.

(1) 전도(conduction)

물체 내 입자의 접촉에 의해서 온도가 높은 입자로부터 온도가 낮은 입자로 열이 점점 전달되는 현상을 열전도라고 한다.

(2) 대류(convection)

유체입자 및 그 덩어리의 운동 혹은 혼합에 의해서 고체표면과 유체 사이에서 열이 전달되는 현상을 대류전열 혹은 열전달이라고 한다. 대류에는 다음 두 개의 형식이 있다.

(i) 강제대류(forced convection)

펌프나 송풍기 등에 의해 외부로부터의 강제력이 유체의 운동을 일으키는 원인이 되어 있는 유형의 대류이다.

(ii) 자연대류(natural convection)

자유대류(free convection)라고도 한다. 외부로부터의 강제력은 없고 유체 내의 온도차에 의한 밀도 차가 유체의 운동을 일으키는 원인이 되어 있는 유형의 대류이다.

(3) 방사(radiation)

모든 물체는 그 온도에 따라서 에너지를 전자파의 형태로 방출하거나 흡수한다[이것을 열방사(thermal radiation)라고 한다]. 따라서 온도가 다른 물체 표면 사이에는 그들이 상호 주고받는 에너지의 차이 형태로 고온물체에서 저온물체로 전열이 이루어진다. 이를 방사전열이라고 한다.

실제로는 이들의 전열형태가 각각 단독으로 일을 하는 경우도 있지만 이들 중 두 개 혹은 세 개가 동시에 발생하는 경우도 많다.

1.3 기초용어

(1) 열통과

고체벽 등으로 갈라진 두 유체 사이의 전열을 열통과라고 한다. 지금 어떤 열통과를 생각해 보자.

T_{b1} 및 T_{b2} : 유체 1 및 유체 2의 온도[K 또는 ℃]

A : 벽 한쪽 면의 표면적(이것을 전열면적이라 함)[m^2]

이라고 하면, 유체 1에서 유체 2로 단위시간당 전달되는 열량 Q는 온도차 $T_{b1} - T_{b2}$ 및 전열면적 A에 비례하기 때문에 다음과 같이 나타낼 수 있다.

$$Q = k(T_{b1} - T_{b2})A \quad [\mathrm{W}] \tag{1.3}$$

여기서 계수 k[W/(m^2·K)]는 열통과율(overall heat transfer coefficient)이라고 한다. 식 (1.3)을 다시 쓰면

$$Q = \frac{T_{b1} - T_{b2}}{\dfrac{1}{kA}} \quad [\mathrm{W}] \tag{1.4}$$

따라서 이 경우의 열저항 즉, 열통과의 저항(열저항)은 $1/(kA)$[K/W]이다.

(2) 열전도

두께 δ[m]인 고체벽 내의 전열을 생각해 보자.

T_i 및 T_o : 고체벽 양 표면 각각의 온도[K 또는 ℃]

A : 벽의 단면적[m^2]

이라고 하면 한쪽 면 i로부터 다른 쪽의 면 o로 고체벽 내를 단위시간당 전하는 열량 Q는 온도차 $T_i - T_o$ 및 단면적 A에 비례하고 두께 δ에 반비례하기 때문에 다음과 같이 나타낼 수 있다.

$$Q = \frac{\lambda}{\delta}(T_i - T_o)A \quad [\mathrm{W}] \tag{1.5}$$

여기서 계수 λ[W/(m·K)]는 열전도율(thermal conductivity)이라고 한다. 이 경우의 열전도 저항(열저항)은 $\delta/(\lambda A)$[K/W]이다.

(3) 열전달(대류전열)

고체벽 표면과 유체 사이에서의 전열을 생각해 보자.

T_w 및 T_b : 고체벽면 및 유체의 온도[K 또는 ℃]

라고 하면 고체벽 표면(전열면)에서 유체로 단위시간당 전하는 열량 Q는 온도차 $T_w - T_b$ 및 표면적(전열면적) A에 비례하기 때문에 다음과 같이 나타낼 수 있다.

$$Q = \alpha(T_w - T_b)A \quad [\mathrm{W}] \tag{1.6}$$

여기서 계수 α[W/(m·K)]를 열전달율(heat transfer coefficient)이라고 한다. 열전달(대류전열)저항은 $1/(\alpha A)$[K/W]이다.

참고

열전달율을 열전달계수라고도 한다. 마찬가지로 열통과율을 열통과계수라고 하기도 한다.

(4) 방사전열

T_1 및 T_2 : 고온물체 표면 및 저온물체 표면의 절대온도[K]

A_1 및 A_2 : 고온물체 및 저온물체의 표면적[m^2]

이라고 하면, 방사에 의해 고온물체에서 저온물체로 단위시간당 전하는 정미열량 Q는 다음 식으로 나타낼 수 있다.

$$Q = \sigma \Phi_{12} (T_1^4 - T_2^4) A_1 = \sigma \Phi_{21} (T_1^4 - T_2^4) A_2 \ \ [\mathrm{W}] \tag{1.7}$$

여기서 $\sigma = 5.67 \times 10^{-8} \mathrm{W/(m^2 \cdot K^4)}$: Stefan-Boltzmann정수

Φ_{12}, Φ_{21} : 물체 표면의 형상과 계의 형상에 따라 결정되는 정수

(5) 열유속

에너지가 이동하고 있을 때 그 흐름을 열류라고 한다. 열류 안에 미소면적 dA를 잡고, 그 면을 통하여 단위시간당 dQ의 열량이 흐르고 있을 경우

$$q = \frac{dQ}{dA} \ \ [\mathrm{W/m^2}] \tag{1.8}$$

로 나타낼 수 있고 q를 열유속(heat flux)이라고 부른다. 열량 $Q[\mathrm{W/m^2}]$가 관통하여 흐르고 있는 면 $A[\mathrm{m^2}]$ 전체에 걸쳐서 q가 일정할 때에는 다음 식과 같다.

$$q = \frac{Q}{A} \ \ [\mathrm{W/m^2}] \tag{1.9}$$

제2장 열전도와 열통과

2.1 열전도의 기초 이론

2.1.1 Fourier의 법칙

물체 내에는 온도분포가 있기 때문에 그 물체 내에서 열이 전도에 의해서 흘러가고 있는 경우를 생각할 수 있다. 물체 내에서 임의의 점의 온도를 T라고 하면, 그 점에 있어서 미소면적 dA를 통해서 그 법선방향 n으로 단위시간당 흐르는 열량 dQ는 면적 dA 및 그 점에 있어서 법선방향의 온도공배 $\partial T/\partial n$에 비례한다. 즉,

$$dQ = -\lambda \frac{\partial T}{\partial n} dA \quad [\mathrm{W}] \tag{2.1}$$

이 관계를 Fourier의 법칙이라고 한다.

참고

(1) 비례정수 λ[W/(m·K)]를 열전도율이라고 부른다. 이것은 물질의 종류와 그 상태(온도와 압력)에 따라서 결정되는 정수(물성치)이다. 이 값이 클수록 열은 전달되기 쉽다. 온도 20℃ 에서 몇 개의 대표적인 물질의 열전도율 값을 〈표 2.1〉에 나타낸다.

(2) 오른쪽 항에 '−'부호가 있는 것은 dQ와 $\partial T/\partial n$의 계산에 모순이 없도록 하기 위해서이다. 예를 들어 n의 '+'방향으로 온도가 높게 되어 있으면 열은 n의 '−'방향으로 흐르기

때문에 $\partial T/\partial n$의 값이 '+'일 때 dQ의 값은 '-'가 되어야만 한다.

(3) 물체가 고체, 액체, 기체 중 어느 것이든지, 물체의 형상이 어떠하든지, 또 정상이거나 비정상 상태이거나에 관계없이 열전도에 관해서 일반적으로 성립하는 관계이다.

〈표 2.1〉 여러 물질의 열전도율(온도 20℃에서의 값)

물 질	λ[W/(m·K)]	물 질	λ[W/(m·K)]
아연	112	동(보통 시판)	372
알루미늄	204	종이	0.13
은	419	면	0.055
주석	64	삼나무	0.106
철	73	노송나무	0.135
주철(4C 이하)	52	유리	0.76
탄소강(0.5C 이하)	54	콘크리트	0.8~1.4
탄소강(1.0C)	43	벽돌(보통)	0.56~1.08
탄소강(1.5C)	36	물	0.599
동(고순도)	386	공기	0.026

2.1.2 기초미분방정식

열전도에 관한 문제는 일반적으로 열전도의 기초미분방정식을 세우고 그것의 해를 구함으로써 해결된다. 열전도의 기초미분방정식은 Fourier의 법칙을 적용하여 물체 내의 미소체적요소에 관한 열수지를 생각함으로써 유도할 수가 있다. 일반적인 열전도의 기초미분방정식은 다음과 같이 구할 수 있다.

물체 내에 $O-x, y, z$의 직각 좌표를 잡고 변의 길이가 dx, dy, dz인 미소육면체의 체적요소를 생각한다. 이 체적요소에서 열의 출입은 〈그림 2.1〉에 나타내는 것과 같이 된다. 여기에 체적요소에 유입하는 열량 Q_x, Q_y 및 Q_z는 Fourier의 법칙으로부터 각각 다음과 같이 나타낼 수 있다.

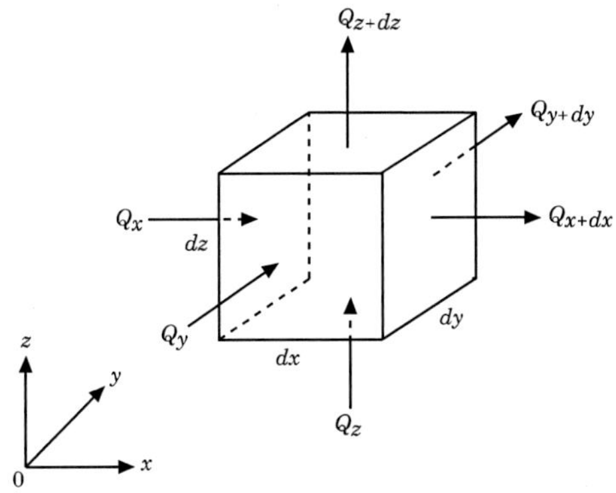

〈그림 2.1〉 미소체적요소로의 열의 출입

$$Q_x = -\lambda \frac{\partial T}{\partial x} dydz \quad [\mathrm{W}] \tag{2.2}$$

$$Q_y = -\lambda \frac{\partial T}{\partial y} dzdx \quad [\mathrm{W}] \tag{2.3}$$

$$Q_z = -\lambda \frac{\partial T}{\partial z} dxdy \quad [\mathrm{W}] \tag{2.4}$$

체적요소에서 유출되는 열량, 예를 들면 Q_{x+dx}는 Q_x와 비교하여 거리 dx만큼 다르기 때문에

$$Q_{x+dx} = Q_x + \frac{\partial Q_x}{\partial x} dx = -\lambda \frac{\partial T}{\partial x} dy\,dz - \frac{\partial}{\partial x}(\lambda \frac{\partial T}{\partial x}) dx\,dy\,dz \tag{2.5}$$

Q_{y+dy}와 Q_{z+dz}도 마찬가지로 나타낼 수 있다.

물체 내에서 단위시간 단위체적당 H[W/m^3]의 열량이 발생하고 있다면, 단위시간당의 체적요소에 축적되는 열량 Q_1은

$$Q_1 = (Q_x + Q_y + Q_z) - (Q_{x+dx} + Q_{y+dy} + Q_{z+dz}) + Hdxdydz$$

$$= \left\{ \begin{array}{l} \frac{\partial}{\partial x}\left(\lambda \frac{\partial T}{\partial x}\right) + \frac{\partial}{\partial y}\left(\lambda \frac{\partial T}{\partial y}\right) \\ + \frac{\partial}{\partial z}\left(\lambda \frac{\partial T}{\partial z}\right) + H \end{array} \right\} dxdydz \quad [\mathrm{W}] \tag{2.6}$$

한편 이 체적요소의 온도상승에 소요되는 단위시간당의 열량 Q_2는

$$Q_2 = c\rho \frac{\partial T}{\partial t} dxdydz \quad [\mathrm{W}] \tag{2.7}$$

여기서, c : 물체의 비열[J/(kg·K)]

ρ : 물체의 밀도[kg/m^3]

t : 시간[s]

위에서 기술한 2개의 열량 Q_1과 Q_2는 동일할 수밖에 없다. 이로부터 다음과 같은 열전도의 기초미분방정식을 얻을 수 있다.

(1) 가장 일반적인 경우

$$c\rho \frac{\partial T}{\partial t} = \frac{\partial}{\partial x}\left(\lambda \frac{\partial T}{\partial x}\right) + \frac{\partial}{\partial y}\left(\lambda \frac{\partial T}{\partial y}\right) + \frac{\partial}{\partial z}\left(\lambda \frac{\partial T}{\partial z}\right) + H \tag{2.8}$$

원통좌표(r, φ, z)에서는

$$c\rho \frac{\partial T}{\partial t} = \frac{1}{r}\frac{\partial}{\partial x}\left(\lambda r \frac{\partial T}{\partial r}\right) + \frac{1}{r}\frac{\partial}{\partial \varphi}\left(\frac{\lambda}{r}\frac{\partial T}{\partial \varphi}\right) + \frac{\partial}{\partial z}\left(\lambda \frac{\partial T}{\partial z}\right) + H \tag{2.9}$$

구좌표(r, θ, φ)에서는

$$c\rho \frac{\partial T}{\partial t} = \frac{1}{r^2}\left\{ \begin{array}{l} \dfrac{\partial}{\partial r}\left(\lambda r^2 \dfrac{\partial T}{\partial r}\right) + \dfrac{1}{\sin\theta}\dfrac{\partial}{\partial \theta}\left(\lambda \sin\theta \dfrac{\partial T}{\partial \theta}\right) \\ + \dfrac{1}{\sin^2\theta}\dfrac{\partial}{\partial \varphi}\left(\lambda \dfrac{\partial T}{\partial \varphi}\right) \end{array} \right\} + H \tag{2.10}$$

(2) 열전율이 일정한 경우

$$\frac{\partial T}{\partial t}=a\left(\frac{\partial^2 T}{\partial x^2}+\frac{\partial^2 T}{\partial y^2}+\frac{\partial^2 T}{\partial z^2}\right)+\frac{H}{c\rho} \tag{2.11}$$

$$\frac{\partial T}{\partial t}=a\left(\frac{\partial^2 T}{\partial r^2}+\frac{1}{r}\frac{\partial T}{\partial r}+\frac{1}{r^2}\frac{\partial^2 T}{\partial \varphi^2}+\frac{\partial^2 T}{\partial z^2}\right)+\frac{H}{c\rho} \tag{2.12}$$

$$\frac{\partial T}{\partial t}=a\left(\begin{array}{l}\dfrac{\partial^2 t}{\partial r^2}+\dfrac{2}{r}\dfrac{\partial T}{\partial r}+\dfrac{1}{r^2}\dfrac{\partial^2 T}{\partial \theta^2}\\ +\dfrac{\cos\theta}{r^2\sin\theta}\dfrac{\partial T}{\partial \theta}+\dfrac{1}{r^2\sin^2\theta}\dfrac{\partial^2 T}{\partial \varphi^2}\end{array}\right)+\frac{H}{c\rho} \tag{2.13}$$

여기서, $a=\dfrac{\lambda}{c\rho}$: 온도전도율(thermal diffusivity)[m^2/s]

물질의 종류 및 그 온도와 압력에 의해서 결정되는 정수(물성치)이다.

이 값이 큰 물체일수록 온도의 변화가 전달되기 쉽다.

(3) 열전도율이 일정하고, 내부 발열이 없으며, 정상상태인 경우

$$\frac{\partial^2 T}{\partial x^2}+\frac{\partial^2 T}{\partial y^2}+\frac{\partial^2 T}{\partial z^2}=0 \tag{2.14}$$

$$\frac{\partial^2 T}{\partial r^2}+\frac{1}{r}\frac{\partial T}{\partial r}+\frac{1}{r^2}\frac{\partial^2 T}{\partial \varphi^2}+\frac{\partial^2 T}{\partial z^2}=0 \tag{2.15}$$

$$\frac{\partial^2 T}{\partial r^2}+\frac{2}{r}\frac{\partial T}{\partial r}+\frac{1}{r^2}\frac{\partial^2 T}{\partial \theta^2}+\frac{\cos\theta}{r^2\sin\theta}\frac{\partial T}{\partial \theta}+\frac{1}{r^2\sin^2\theta}\frac{\partial^2 T}{\partial \varphi^2}=0 \tag{2.16}$$

2.1.3 경계조건

열전도의 미분방정식에 대한 경계조건으로는 다음과 같은 것이 있다.

(1) 경계면($x=x_0$)의 온도 T_0가 주어졌을 때 :

$$x=x_0\ ;\ T=T_0 \tag{2.17}$$

(2) 경계면($x = x_0$)에서 열유속 q_0가 주어졌을 때 :

$$x = x_0 \ ; \ -\lambda \frac{\partial T}{\partial x} = q_0 \tag{2.18}$$

경계면($x = x_0$)에서 열적으로 절연되어 있을 때 :

$$x = x_0 \ ; \ \frac{\partial T}{\partial x} = 0 \tag{2.19}$$

(3) 경계면($x = x_0$)에서 온도 T_b인 유체와 열전달율 α로 열교환을 하고 있을 때 :

$$x = x_0 \ ; \ -\lambda \frac{\partial T}{\partial x} = \alpha(T - T_b) \tag{2.20}$$

예제 2.1

공중에 설치한 반경 R[m]인 길고 굵은 나선에 어떤 일정한 전류가 흘러가고 있다. 이때 Joule의 발열에 의해서 전선 내에 단위시간 단위체적당 H[W/m^3]의 열량이 발생한다. 전선의 열전도율은 λ[W/(m·K)], 주위의 공기온도는 T_b[℃], 전선의 표면과 공기 사이의 열전달율은 α[W/(m^2·K)]로 하고 다음의 물음에 답하시오.

(1) 이 경우 전선의 길이방향과 원주방향으로는 온도가 변화하지 않는다고 생각해도 좋기 때문에 전선 내의 온도는 반경방향으로만 분포를 가진다. 전선의 중심에서 임의의 점까지 거리를 r[m]로 하고 전선 내의 미소체적요소에 관한 열수지를 생각함으로써 정상상태에서 전선의 온도분포 $T(r)$[℃]에 관한 미분방정식을 푸시오.

(2) 위의 미분방정식에 대한 경계조건을 기술하시오.

(3) 위 (2)의 조건에서 (1)의 미분방정식을 풀고 온도분포 $T(r)$[℃]를 구하시오.

풀이

(1) 〈그림 2.2〉와 같이 반경 r의 위치에 미소한 두께 dr인 원환 상의 미소체적요소를 가정하고

이 체적요소에 관한 열수지를 생각한다(전선의 길이를 L이라 한다).

체적요소로 들어가는 열량 Q_r은,

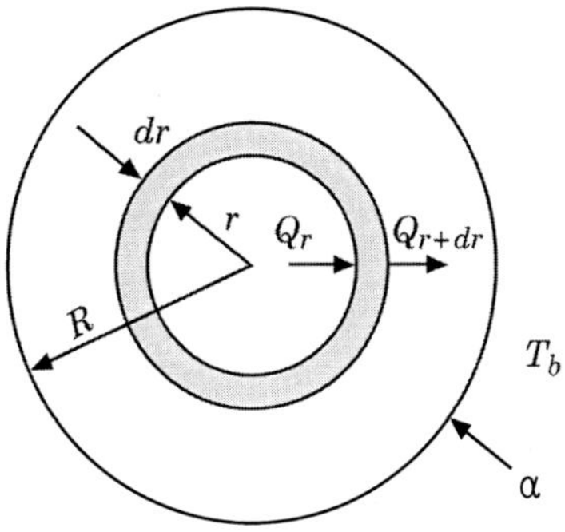

〈그림 2.2〉 [예제 2.1]의 계

$$Q_r = -\lambda \frac{dT}{dr} 2\pi r L$$

체적요소에서 나가는 열량 Q_{r+dr}은

$$Q_{r+dr} = Q_r + \frac{dQ_r}{dr} dr = -\lambda \frac{dT}{dr} 2\pi r L - \lambda \frac{d}{dr}\left(r \frac{dT}{dr}\right) dr\, 2\pi L$$

체적요소 내에서 발생하는 열량 Q_g는

$$Q_g = H 2\pi r L dr$$

정상상태에서는

$$Q_r + Q_g = Q_{r+dr}$$

$$\therefore\ \frac{d}{dr}\left(r \frac{dT}{dr}\right) + \frac{H}{\lambda} r = 0 \qquad (1)$$

(2) 전선의 중심($r=0$)은 온도분포의 대칭축이 되어 있고 이 축을 가로질러 흐르는 열은 없기 때문에

$$r=0 \ ; \ \frac{dT}{dr}=0 \tag{2}$$

전선의 표면($r=R$)에서는, 대류에 의해 주위 공기로 열이 전달되고 있기 때문에

$$r=R \ ; \ -\lambda\frac{dT}{dr}=\alpha(T-T_b) \tag{3}$$

(3) 식 (1)을 r에 대하여 적분하고

$$\frac{dT}{dr}+\frac{H}{2\lambda}r=\frac{C_1}{r}$$

식 (2)의 조건으로부터 $C_1=0$

위의 식을 다시 적분하여

$$T+\frac{H}{4\lambda}r^2=C_2$$

식 (3)의 조건으로부터,

$$-\lambda\left(-\frac{HR}{2\lambda}\right)=\alpha\left(C_2-\frac{HR^2}{4\lambda}-T_b\right)$$

$$\therefore \ C_2=T_b+\frac{HR}{2\alpha}+\frac{HR^2}{4\lambda}$$

$$\therefore \ T=\frac{H}{4\lambda}(R^2-r^2)+\frac{HR}{2\alpha}+T_b$$

예제 2.2

두께 L, 열전도율 λ인 평판 상의 물체가 마이크로파에 의해서 가열(고주파 가열)되고, 이 때문에 물체 내부에서 단위체적, 단위시간당 다음과 같은 열량 $H(x)$가 발생하고 있다.

$$H(x) = H_0\left(1 - \frac{x}{L}\right) \quad [\mathrm{W/m^3}]$$

여기서 H_0는 일정한 값이고, x는 마이크로파가 입사하는 표면으로부터 물체 내부로 측정한 거리이다. 물체 $x = 0$의 면은 온도 T_b인 공기에 접하고 있으며 그 열전달율은 α이고, 다른 방향 $x = L$의 면은 완전히 단열되어 있다. 이 경우 다음의 물음에 답하시오.

(1) 정상상태에서 물체 내의 온도분포 $T(x)$를 구하시오.

(2) $L = 72\mathrm{mm}$, $\lambda = 0.25\mathrm{W/(m \cdot K)}$, $H_0 = 22\mathrm{kW/m^3}$, $T_b = 20℃$ 일 때 물체 내의 온도를 모든 곳에서 120℃ 이하로 하기 위해서는 물체 표면으로부터 공기로의 열전달율은 얼마로 해야만 하는가? 단, 물체 표면에서 주위로의 방사전열은 무시한다.

풀이

(1) 〈그림 2.3〉과 같이 물체 내의 임의의 점 x에서 미소체적요소 $A\ dx$(A는 물체의 단면적)에 관한 열수지를 생각한다.

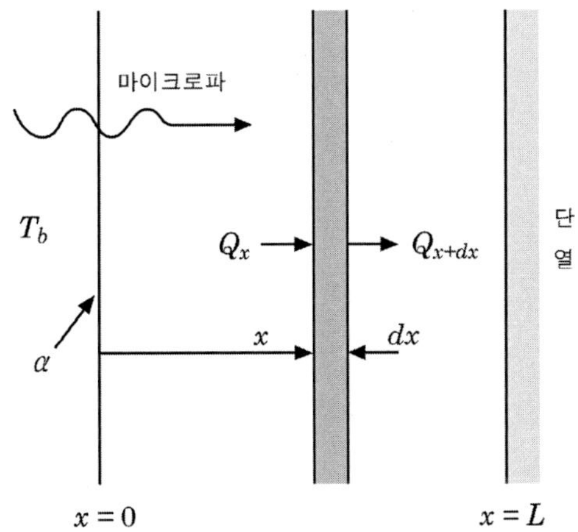

〈그림 2.3〉 [예제 2.2]의 계

$$Q_x = -\lambda \frac{dT}{dx} A$$

$$Q_{x+dx} = Q_x + \frac{dQ_x}{dx} dx = -\lambda \frac{dT}{dx} A - \lambda \frac{d^2 T}{dx^2} A dx$$

정상상태에서는,

$$Q_x + HAdx = Q_{x+dx}$$

$$\therefore \ \lambda \frac{d^2 T}{dx^2} + H_0 \left(1 - \frac{x}{L} \right) = 0 \tag{1}$$

경계조건은, 식 (2.20)과 식 (2.19)로부터

$$x = 0 \ ; \ -\lambda \frac{dT}{dx} = \alpha (T_b - T) \tag{2}$$

$$x = L \ ; \ \frac{dT}{dx} = 0 \tag{3}$$

식 (1)을 적분하여,

$$\lambda \frac{dT}{dx} + H_0 \left(x - \frac{x^2}{2L} \right) = C_1$$

식 (3)의 조건에서, $C_1 = \frac{L H_0}{2}$

위의 식을 다시 적분하면

$$\lambda T + H_0 \left(\frac{x^2}{2} - \frac{x^3}{6L} \right) = \frac{LH_0}{2} x + C_2$$

식 (2)의 조건에서, $C_2 = \lambda T_b + \frac{\lambda L H_0}{2\alpha}$

$$\therefore \ T = T_b + \frac{LH_0}{2\alpha} + \frac{L^2 H_0}{6\lambda} \left[3\left(\frac{x}{L} \right) - 3\left(\frac{x}{L} \right)^2 + \left(\frac{x}{L} \right)^3 \right] \tag{4}$$

(2) 식 (4)의 온도분포는 $x/L=1$에서 최댓값을 가진다. 즉 물체 온도는 $x=L$에서 최고가 되기 때문에, 이 온도가 120℃ 이하가 되면 된다. 식 (4)로부터,

$$T_{\max}=T_{x=L}=T_b+\frac{LH_0}{2\alpha}+\frac{L^2H_0}{6\lambda}\leq 120$$

$$\therefore\ \alpha \geq \frac{LH_0}{2\left(120-T_b-\dfrac{L^2H_0}{6\lambda}\right)}=\frac{0.072\times 22\times 10^3}{2\left(120-20-\dfrac{0.072^2\times 22\times 10^3}{6\times 0.25}\right)}=33$$

따라서, α는 33W/(m$^2\cdot$K) 이상이면 된다.

참고

위의 예에서 물체 내의 최고온도는 설명한 것과 같이 $x=L$인 점에서의 온도이다. 한편 물체 내의 최저온도는 $x=0$인 점에서의 온도로 이것은 다음 식으로 나타낼 수 있다.

$$T_{\min}=T_{x=0}=T_b+\frac{LH_0}{2\alpha}$$

다음과 같은 온도차의 비를 생각해 보자.

$$\frac{T_{\min}-T_b}{T_{\max}-T_b}=\frac{\dfrac{LH_0}{2\alpha}}{\dfrac{LH_0}{2\alpha}+\dfrac{L^2H_0}{6\lambda}}=\frac{1}{1+\dfrac{1}{3}\dfrac{\alpha L}{\lambda}} \tag{5}$$

식 (5)의 제일 우측항 중의 무차원수 $Bi=\alpha L/\lambda$는 Biot수라고 한다. 일반적으로 유체에 의해서 가열 또는 냉각되는 고체 내부의 온도분포를 지배하는 중요한 무차원 특성수이다. Biot수 Bi는 고체 내의 열전도저항을 대표하는 L/λ와 고체표면에서 열전달의 저항 $1/\alpha$와의 비를 나타내고 있다. Biot수가 크면 열전도저항이 커서, 고체표면과 유체와의 온도차보다도 큰 온도차가 고체 내에서 발생하는 것이 되고, Biot수가 작으면 열전달저항이 커서 고체 내에서 발생하는

온도차는 비교적 작아진다. 따라서 $Bi \to \infty$가 되면 열전달의 저항이 0에 가깝고($\alpha \to \infty$), 유체와 접한 고체표면의 온도는 유체 온도와 같아지고[식 (5)에서는 $T_{\min} \to T_b$], $Bi \to 0$이라면 고체 내에는 일정한 온도에 근접한다[식 (5)에서는 $T_{\min} \to T_{\max}$]. 예를 들어 반경 R인 고온의 금속구를 물에 넣어서 냉각할 경우 $Bi = (\alpha R/\lambda) \le 0.2$이면 금속구는 임의의 시각에 일정한 온도가 되어 있다고 하여도 좋다.

또한 $Bi = \alpha L/\lambda$는 뒤에 설명하는 대류전열에 있어서 Nusselt수 $Nu = \alpha L/\lambda$[제3장의 식 (3.19)]와 같은 형태를 가지고 있지만, Biot수 중의 λ는 고체의 열전도율인 데 비하여 Nusselt수 중의 λ는 유체의 열전도율이다. 이 점을 혼동하지 않도록 주의하여야 한다.

2.2 1차원 정상열전도

다음으로 1차원 정상상태 열전도에 대한 온도분포와 전열량을 생각해 보자. 온도분포를 구하기 위해서는 열전도의 기초미분방정식을 적당한 경계조건에서 풀면 된다. 온도분포를 알면 Fourier의 법칙으로부터 전열량을 알 수가 있다. 또한 기초미분방정식은 식 (2.8) ~ 식 (2.16) 중에서 각 경우에 적합하도록 간략화하여 구하여도 좋지만, 미소체적요소에 관한 열수지를 생각하여 각 경우에 적당한 방정식을 자신이 유도할 수 있도록 해 두는 것이 좋다.

2.2.1 평판의 경우

〈그림 2.4〉에 나타내는 것과 같은 두께 δ [m], 단면적 A[m^2], 열전도율 λ [W/(m·K)], 표면의 온도가 각각 T_i와 T_o인 평판 내의 두께방향 1차원 정상열전도를 생각하자.

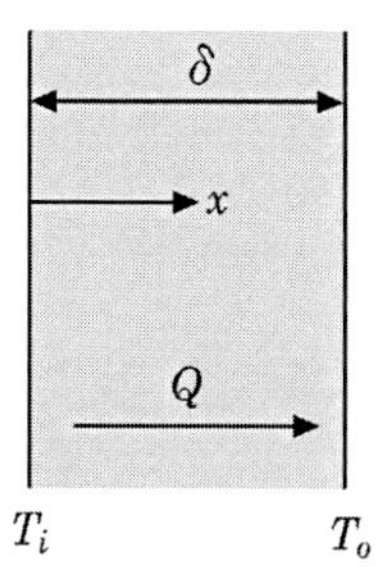

〈그림 2.4〉 평판 내 1차원 정상열전도(y방향과 z방향은 온도 일정)

(1) 온도분포

이 경우의 기초미분방정식은 평판 내의 미소체적요소 Adx에 관한 열수지를 생각하여([예제 2.2] 참조),

$$\frac{d^2 T}{dx^2}=0 \tag{2.21}$$

경계조건은

$$\left.\begin{aligned} x=0 \;;\; T=T_i \\ x=\delta \;;\; T=T_o \end{aligned}\right\} \tag{2.22}$$

식 (2.21)을 식 (2.22)의 경계조건에서 풀면,

$$T=T_i-\frac{x}{\delta}(T_i-T_o) \;\; [\text{K 또는 ℃}] \tag{2.23}$$

(2) 전열량

Fourier의 법칙, 식 (2.1)로부터

$$Q=-\lambda\frac{dT}{dx}A \;\; [\text{W}] \tag{2.24}$$

식 (2.23)을 식 (2.24)에 대입하여

$$Q=\frac{\lambda}{\delta}(T_i-T_o)A \;\; [\text{W}] \tag{2.25}$$

현재의 경우 식 (2.24)의 dT/dx에 식 (2.23)을 대입하는 대신에 Fourier의 법칙을 나타내는 식 (2.24)를 직접 $x=0$; $T=T_i$에서 $x=\delta$; $T=T_o$까지 적분(Q, λ, A는 일정)하여도

식 (2.25)가 구해진다.

λ가 온도에 따라서 변하는 경우의 전열량은 $(T_i + T_o)/2$에서 λ의 값을 이용하면 식 (2.25)로부터 근사적으로 계산할 수 있다.

식 (2.25)를 바꾸어 쓰면,

$$Q = \frac{T_i - T_o}{\dfrac{\delta}{\lambda A}} \quad [\mathrm{W}] \tag{2.26}$$

여기서, $\delta/(\lambda A)$: 평판에서의 열전도저항[K/W]

(3) 다층평판의 경우

〈그림 2.5〉에 나타내는 것과 같이 재질이 다른 복수의 평판이 중첩되어 있는 다층벽 내의 두께방향 1차원 정상열전도에서는 $\delta_k/(\lambda_k A)$ $(k = 1, 2, \ldots.., n)$의 열저항이 직렬로 존재하기 때문에

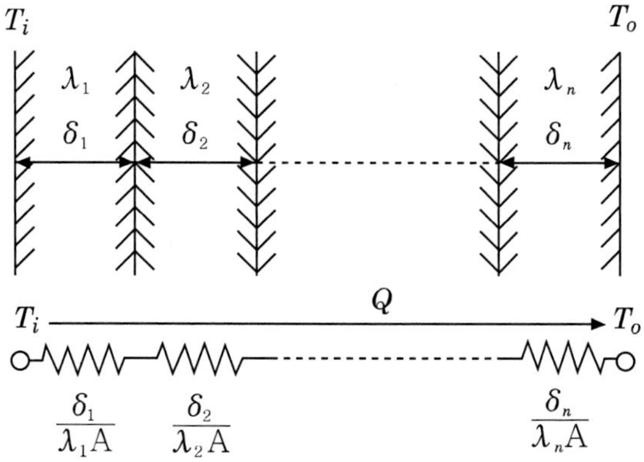

〈그림 2.5〉 다층평판 내의 열전도

$$Q = \frac{T_i - T_o}{\displaystyle\sum_{k=1}^{n} \frac{\delta_k}{\lambda_k A}} \quad [\mathrm{W}] \tag{2.27}$$

혹은 이 식을 바꿔 쓰면,

$$Q = \frac{(T_i - T_o)A}{\dfrac{\delta_1}{\lambda_1} + \dfrac{\delta_2}{\lambda_2} + \cdots + \dfrac{\delta_n}{\lambda_n}} \quad [\mathrm{W}] \tag{2.28}$$

예제 2.3

두께 200mm인 콘크리트 평면벽이 있다. 그 안쪽 표면의 온도는 45℃, 바깥 표면의 온도는 5℃로 유지하고 있다. 벽의 단면적 1m²당 전달되는 열량은 얼마라고 생각되는가? 또 표면에서 80mm인 벽 내의 점에서 온도를 추정하시오.

풀이

$$\delta = 0.200\,\mathrm{m},\ T_i = 45℃,\ T_o = 5℃$$

〈표 2.1〉에서 콘크리트의 열전도율은 $\lambda = 1.1\mathrm{W/(m \cdot K)}$이다.

식 (2.25)로부터,

$$\frac{Q}{A} = \frac{\lambda}{\delta}(T_i - T_o) = \frac{1.1}{0.200}(45-5) = 2.2 \times 10^2 \mathrm{W/m^2}$$

식 (2.25)의 δ를 x, T_o를 T_x로 변환시킨 식으로부터,

$$T_x = T_i - \frac{x}{\lambda}\frac{Q}{A} = 45 - \frac{(0.200 - 0.080) \times 2.2 \times 10^2}{1.1} = 21℃$$

또는 식 (2.23)으로부터,

$$T_x = T_i - \frac{x}{\delta}(T_i - T_o) = 45 - \frac{0.120}{0.200}(45-5) = 21℃$$

2.2.2 원관의 경우

〈그림 2.6〉에 나타내는 것과 같이 내측과 외측의 반경이 각각 R_i[m], R_o[m]이고 길이가 L[m], 열전도율이 λ[W/(m·K)], 내면과 외면의 온도가 각각 T_i와 T_o인 원관 벽 내의 반경방향 1차원 정상열전도를 생각하여 보자.

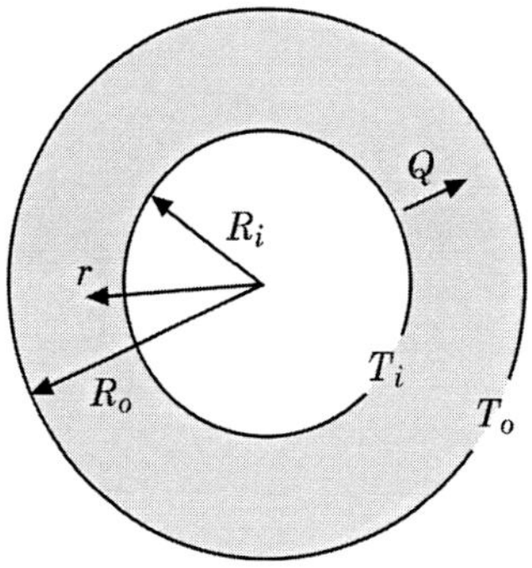

〈그림 2.6〉 원관벽 내 1차원 정상열전도(관축방향과 원주방향은 온도 일정)

(1) 온도분포

이 경우의 기초미분방정식은 원관 벽 내의 미소체적요소 $2\pi rLdr$에 관한 열수지를 고려하여 ([예제 2.1] 참조)

$$\frac{d^2t}{dr^2}+\frac{1}{r}\frac{dT}{dr}=0 \tag{2.29}$$

경계조건은,

$$\left.\begin{array}{l} r=R_i\ ;\ T=T_i \\ r=R_o\ ;\ T=T_o \end{array}\right\} \tag{2.30}$$

식 (2.29)를 식 (2.30)의 경계조건에서 풀면

$$\frac{T_i - T}{T_i - T_o} = \frac{\ln \frac{r}{R_i}}{\ln \frac{R_o}{R_i}} \tag{2.31}$$

(2) 전열량

식 (2.1)로부터,

$$Q = -\lambda \frac{dT}{dr} 2\pi r L \quad [\mathrm{W}] \tag{2.32}$$

식 (2.32)에 식 (2.31)을 대입하여,

$$Q = \frac{2\pi\lambda L}{\ln \frac{R_o}{R_i}} (T_i - T_o) \quad [\mathrm{W}] \tag{2.33}$$

이 경우도 식 (2.32)의 dT/dr에 식 (2.31)을 대입하는 대신에, 식 (2.32)를 직접 $r = R_i$; $T = T_i$에서 $r = R_o$; $T = T_o$까지 적분(Q, λ, L은 일정)하여도 식 (2.33)이 구해진다.

식 (2.33)을 다시 정리하면,

$$Q = \frac{T_i - T_o}{\frac{\ln \frac{R_o}{R_i}}{2\pi\lambda L}} \quad [\mathrm{W}] \tag{2.34}$$

여기서 $\left(\ln \frac{R_o}{R_i}\right) / (2\pi\lambda L)$: 원관에서 열전도저항[K/W]

(3) 다층관의 경우

재질이 다른 원관을 밀착하여 겹쳐 놓은 다층관의 벽 내 반경방향 1차원 정상열전도에서는,

$$\left(\ln \frac{R_k}{R_{k-1}}\right) / (2\pi\lambda_k L) \; (k = 1, 2, \ldots, n)$$

의 열저항이 직렬로 존재함에 따라

$$Q = \frac{2\pi L(T_i - T_o)}{\dfrac{1}{\lambda_1}\ln\dfrac{R_1}{R_i} + \dfrac{1}{\lambda_2}\ln\dfrac{R_2}{R_1} + \cdots + \dfrac{1}{\lambda_n}\ln\dfrac{R_o}{R_{n-1}}} \ [\mathrm{W}] \tag{2.35}$$

예제 2.4

외경 50.0mm인 원관을 두 겹의 보온재가 피복하고 있다. 내측의 보온층은 두께 8mm, 열전도율 0.150W/(m · K)이고 외측의 보온층은 두께 20.0mm, 열전도율 0.060W/(m · K)이다. 원관 외표면의 온도가 300℃, 보온층의 외표면 온도가 30℃ 일 때 이 원관의 단위길이당 손실열량을 구하시오.

풀이

$T_i = 300℃,\ T_o = 30℃,\ \lambda_1 = 0.150\mathrm{W/(m\cdot K)},\ \lambda_2 = 0.060\mathrm{W/(m\cdot K)}$

$R_i = 0.0250\mathrm{m},\ R_1 = 0.0250 + 0.0080 = 0.0330\mathrm{m}$

$R_o = 0.0330 + 0.0200 = 0.0530\mathrm{m}$

식 (2.35)로부터,

$$\frac{Q}{L} = \frac{2\pi(T_i - T_o)}{\dfrac{1}{\lambda_1}\ln\dfrac{R_1}{R_i} + \dfrac{1}{\lambda_2}\ln\dfrac{R_o}{R_1}}$$

$$= \frac{2\pi(300-30)}{\dfrac{1}{0.150}\ln\dfrac{330}{250} + \dfrac{1}{0.060}\ln\dfrac{530}{330}} = 174\,\mathrm{W/m}$$

2.2.3 중공구의 경우

내측과 외측의 반경이 각각 R_i[m]와 R_o[m], 내면과 외면의 온도가 각각 T_i와 T_o인 중공구각 내의 반경방향 1차원 정상열전도를 생각하자.

(1) 온도분포

기초 미분방정식은 구각 내의 미소체적요소 $4\pi r^2 dr$에 관한 열수지를 생각하여

$$\frac{d^2T}{dr^2} + \frac{2}{r}\frac{dT}{dr} = 0 \tag{2.36}$$

경계조건은,

$$\left.\begin{aligned} r = R_i \ ; \ T = T_i \\ r = R_o \ ; \ T = T_o \end{aligned}\right\} \tag{2.37}$$

식 (2.36)을 식 (2.37)의 경계조건에서 풀면

$$\frac{T - T_o}{R_i} + \frac{T_i - T}{R_o} = \frac{T_i - T_o}{r} \tag{2.38}$$

(2) 전열량

식 (2.1)로부터,

$$Q = -\lambda \frac{dT}{dr} 4\pi r^2 \quad [\mathrm{W}] \tag{2.39}$$

식 (2.39)에 식 (2.38)을 대입하여

$$Q = \frac{4\pi\lambda}{\dfrac{1}{R_i} - \dfrac{1}{R_o}} (T_i - T_o) \quad [\mathrm{W}] \tag{2.40}$$

이 경우도 식 (2.39)를 직접 $r = R_i$; $T = T_i$에서 $r = R_o$; $T = T_o$까지 적분(Q, λ는 일정)하여도 식 (2.40)이 구해진다.

2.2.4 보온재

주위보다 고온 또는 저온인 용기나 관 등으로부터 열의 방출이나 열의 침입을 막기 위해 보온재(단열재라고도 한다)가 이용되고 있다.

보온재의 재질 자체만으로는 열전도율이 반드시 작은 것은 아니다. 그러나, 보온재는 그 내부에 작은 공기 틈새를 다수 가지고 있다. 공기의 열전도율은 극히 작기 때문에(〈표 2.1〉 참조) 고체와 공기의 틈새로 구성되는 보온재의 평균열전도율(혹은 유효열전도율)은 작다. 따라서 열전도 저항이 커지고 보온의 역할을 하게 된다.

보온재 내부의 공기 틈새가 너무 크면 틈새 내의 공기가 대류를 일으키기 때문에 보온능력이 저하된다. 또 흡습성의 보온재는 틈새에 물(열전도율은 공기의 약 20배)이 들어가 보온의 역할을 할 수 없기 때문에 주의가 필요하다.

2.3 열통과

2.3.1 열통과의 서론

앞 절에서는 고체 내의 전열만을 생각하여 고체벽의 양 표면온도 T_i와 T_o가 주어진 경우를 취급하였다. 하지만, 일반적으로는 그 양측에 어떤 유체의 온도 T_{b1}과 T_{b2}가 주어져 있고 한쪽 방향의 유체로부터 고체벽을 통해서 다른 쪽 방향의 유체로 열이 전달되는 열통과를 취급하는 경우가 많다. 이 경우에는 고체 내의 열전도 외에 고체벽 표면과 유체 사이의 대류전열(열전달)이 관여한다.

이와 같은 열통과의 경우에는,

$$Q = k(T_{b1} - T_{b2})A \quad [\mathrm{W}] \tag{2.41}$$

로 정의되는 열통과율(열통과계수) k[W/(m^2·K)]를 이용하여 계산을 한다. A는 고체벽의 표면적(전열면적)[m^2]이다.

식 (2.41)은 열저항의 개념을 사용하면 다음과 같이 나타낼 수 있다.

$$Q = \frac{T_{b1} - T_{b2}}{R} \quad [\mathrm{W}] \tag{2.42}$$

여기서, $R = \dfrac{1}{kA} = \Sigma R_k$: 열통과의 저항[K/W]
(열전도저항과 열전달저항으로 구성된다)

2.3.2 평판의 경우

〈그림 2.7〉에 나타나는 것과 같이 평판을 통한 유체 1과 유체 2 사이의 전열을 생각하자.

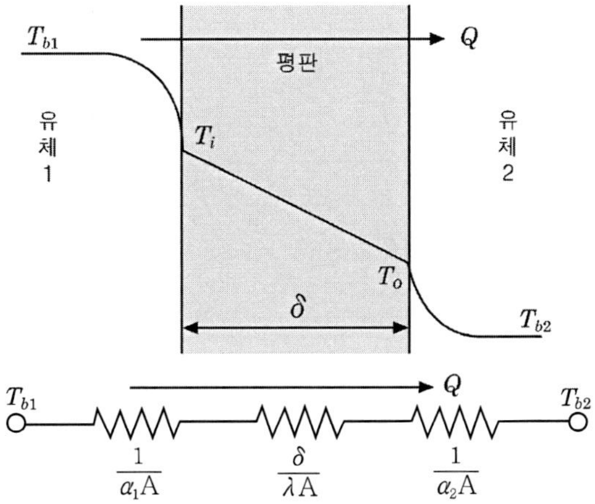

〈그림 2.7〉 평판의 열통과

여기서, δ : 평판의 두께[m]

λ : 평판의 열전도율[W/(m · K)]

A : 평판의 단면적 혹은 측면의 표면적(전열면적)[m^2]

T_{b1} : 유체 1의 온도[K 또는 ℃]

T_{b2} : 유체 2의 온도[K 또는 ℃]

α_1 : 유체 1과 평판표면과의 열전달율[W/(m^2 · K)]

α_2 : 유체 2와 평판표면과의 열전달율[W/(m^2 · K)]

이때,

유체 1과 평판표면 사이의 열전달저항 : $\dfrac{1}{\alpha_1 A}$ [K/W]
평판 내의 열전도저항 : $\dfrac{\delta}{\lambda A}$ [K/W]
평판표면과 유체 2 사이의 열전달저항 : $\dfrac{1}{\alpha_2 A}$ [K/W]

이 경우의 열통과에는 〈그림 2.7〉에 나타내는 것과 같이 앞에서 나타낸 3개의 열저항이 직렬로 존재하고 있다. 따라서

$$\text{열통과의 저항} \quad R = \frac{1}{\alpha_1 A} + \frac{\delta}{\lambda A} + \frac{1}{\alpha_2 A} \quad [\mathrm{K/W}] \tag{2.43}$$

식 (2.43)을 식 (2.42)에 대입하여,

$$\text{전열량} \quad Q = \frac{(T_{b1} - T_{b2})A}{\dfrac{1}{\alpha_1} + \dfrac{\delta}{\lambda} + \dfrac{1}{\alpha_2}} \quad [\mathrm{W}] \tag{2.44}$$

식 (2.44)와 식 (2.41)로부터,

$$\text{열통과율} \quad \frac{1}{k} = \frac{1}{\alpha_1} + \frac{\delta}{\lambda} + \frac{1}{\alpha_2} \quad [\{\mathrm{W/(m^2 \cdot K)}\}^{-1}] \tag{2.45}$$

따라서 식 (2.45)의 오른쪽을 구성하는 각 변수들의 값을 알면 열통과율 k의 값을 알 수 있고, 전열량 Q를 구할 수가 있다.

참고 1

식 (2.44)는 다음과 같이 생각하여도 유도할 수가 있다.
대류에서 열이 전달되고 있는 평판의 표면에서는 각각,

$$Q = \alpha_1 (T_{b1} - T_i) A \quad [\mathrm{W}] \tag{2.46}$$

$$Q = \alpha_2(T_o - T_{b2})A \quad [\mathrm{W}] \tag{2.47}$$

평판 내의 열전도에 관해서는,

$$Q = \frac{\lambda}{\delta}(T_i - T_o)A \quad [\mathrm{W}] \tag{2.48}$$

식 (2.46)~식 (2.48)로부터 T_i와 T_o를 소거하고, Q를 구하는 식으로 정리하면 식 (2.44)가 된다.

참고 2

열통과는 열전도의 문제로 풀 수 있다. 현재의 기초미분방정식과 경계조건은 각각 다음과 같이 나타낼 수 있다.

$$\frac{d^2T}{dx^2} = 0 \tag{2.49}$$

$$x = 0 \ ; \ -\lambda\frac{dT}{dx} = \alpha_1(T_{b1} - T) \tag{2.50}$$

$$x = \delta \ ; \ -\lambda\frac{dT}{dx} = \alpha_2(T - T_{b2}) \tag{2.51}$$

미분방정식 (2.49)를 식 (2.50)과 식 (2.51)의 조건에서 풀고 온도분포를 구하여 이를 Fourier의 법칙

$$Q = -\lambda\frac{dT}{dx}A \tag{2.52}$$

에 대입하여 정리하면 식 (2.44)가 구하여진다.

참고 3

예를 들어 얇은 금속판과 같이 대류전열의 저항에 비해 평판 내의 열전도저항이 근사적으로 무시될 수 있는 경우, 즉 평판 내에서 온도가 거의 일정하다고 볼 수 있는 경우에 그 평판의 개략적인 온도 T_w를 예측하고자 할 때에는 $T_w = T_i = T_o$로 두고 식 (2.46)과 식 (2.47)로부터 Q/A를 소거하여 정리하면,

$$T_w = \frac{\alpha_1 T_{b1} + \alpha_2 T_{b2}}{\alpha_1 + \alpha_2} \quad [\text{K 또는 ℃}] \tag{2.53}$$

다층평판의 경우

$$\text{열통과의 저항} : R = \frac{1}{\alpha_1 A} + \frac{\delta_1}{\lambda_1 A} + \cdots + \frac{\delta_n}{\lambda_n A} + \frac{1}{\alpha_2 A} \quad [\text{K/W}] \tag{2.54}$$

$$\text{열통과율} : \frac{1}{k} = \frac{1}{\alpha_1} + \frac{\delta_1}{\lambda_1} + \cdots + \frac{\delta_n}{\lambda_n} + \frac{1}{\alpha_2} \quad [\{\text{W/m}^2 \cdot \text{K}\}^{-1}] \tag{2.55}$$

예제 2.5

두께 50mm인 내화 벽돌의 외측에 두께 100mm인 붉은 벽돌을 붙인 노가 있다. 이 노로부터의 방열손실을 반으로 줄이기 위해서 양쪽 벽돌 사이에 단열 벽돌을 넣기로 하였다. 단열 벽돌의 두께를 얼마로 하면 좋을까? 단, 내화, 단열 및 붉은 벽돌의 열전도율을 0.80, 0.40 및 0.90W/(m · K)로 하고 열전달율을(방사도 고려하여) 노 내측에서 120W/(m^2 · K)로, 노 외측에서 11.0W/(m^2 · K)로 한다.

풀이

$$\lambda_1 = 0.80\text{W}/(\text{m}\cdot\text{K}),\ \lambda_2 = 0.40\text{W}/(\text{m}\cdot\text{K}),\ \lambda_3 = 0.90\text{W}/(\text{m}\cdot\text{K})$$

$$\delta_1 = 0.050\text{m},\ \delta_2 = 0.100\text{m}$$

$$\alpha_1 = 120\text{W}/(\text{m}^2\cdot\text{K}),\ \alpha_2 = 11.0\text{W}/(\text{m}^2\cdot\text{K})$$

① 단열 벽돌이 없는 경우 :

식 (2.41) 및 식 (2.55)로부터,

$$\frac{Q_1}{A} = k_1 (T_{b1} - T_{b2}) \tag{1}$$

$$\frac{1}{k_1} = \frac{1}{\alpha_1} + \frac{\delta_1}{\lambda_1} + \frac{\delta_3}{\lambda_3} + \frac{1}{\alpha_2} = \frac{1}{120} + \frac{0.050}{0.80} + \frac{0.100}{0.90} + \frac{1}{11.0} \tag{2}$$

$$= 0.273 [\mathrm{W/(m^2 \cdot K)}]^{-1}$$

② 단열 벽돌을 넣은 경우 :

마찬가지로,

$$\frac{Q_2}{A} = k_2 (T_{b1} - T_{b2}) \tag{3}$$

$$\frac{1}{k_2} = \frac{1}{\alpha_1} + \frac{\delta_1}{\lambda_1} + \frac{\delta_2}{\lambda_2} + \frac{\delta_3}{\lambda_3} + \frac{1}{\alpha_2} = \frac{1}{k_1} + \frac{\delta_2}{k_2} \tag{4}$$

$$= 0.273 + \frac{\delta_2}{0.40} [\mathrm{W/(m^2 \cdot K)}]^{-1}$$

식 (1)과 식 (3)으로부터, $\frac{Q_1}{Q_2} = \frac{k_1}{k_2} = \frac{1/k_2}{1/k_1}$

이 식에 식 (2)와 식 (4)를 대입하여,

$$\frac{Q_1}{Q_2} = 1 + \frac{\delta_2}{0.40 \times 0.273}$$

문제로부터, $\frac{Q_1}{Q_2} = 2$

$$\therefore \delta_2 = 0.40 \times 0.273 = 0.109\,\mathrm{m} = 109\mathrm{mm}$$

2.3.3 원관의 경우

원관 내의 유체 1(온도 T_{b1}[K 또는 ℃])과 원관 바깥의 유체 2(온도 T_{b2}[K 또는 ℃]) 사이의 전열을 생각한다. 유체 1과 관 내면 사이의 열전달율을 α_1[W/(m^2 · K)], 유체 2와 관 외면 사이의 열전달율을 α_2[W/(m^2 · K)]로 한다.

평판의 경우와 마찬가지로 생각하여 다음 식을 얻을 수 있다.

$$\text{열통과의 저항} : R = \frac{1}{\alpha_1 A_i} + \frac{\ln \frac{R_o}{R_i}}{2\pi\lambda L} + \frac{1}{\alpha_2 A_o} \quad [\mathrm{K/W}] \tag{2.56}$$

$$\left.\begin{aligned} \text{전열량} : Q &= \frac{T_{b1} - T_{b2}}{\dfrac{1}{\alpha_1 A_i} + \dfrac{\ln \frac{R_o}{R_i}}{2\pi\lambda L} + \dfrac{1}{\alpha_2 A_o}} \\ &= \frac{2\pi L (T_{b1} - T_{b2})}{\dfrac{1}{\alpha_1 R_i} + \dfrac{1}{\lambda} \ln \dfrac{R_o}{R_i} + \dfrac{1}{\alpha_2 R_o}} \end{aligned}\right\} [\mathrm{W}] \tag{2.57}$$

참고 1

원관의 경우, 식 (2.41)에서 정의된 열통과율 k의 값은 전열면적 A를 어디서 잡는가에 따라서 달라진다. 즉,

내면적($A_i = 2\pi R_i L$) 기준 :

$$Q = k_1 (T_{b1} - T_{b2}) A_i \quad [\mathrm{W}] \tag{2.58}$$

$$\frac{1}{k_1} = \frac{1}{\alpha_1} + \frac{R_i}{\lambda} \ln \frac{R_o}{R_i} + \frac{1}{\alpha_2} \frac{R_i}{R_o} \quad [\{\mathrm{W/(m^2 \cdot K)}\}^{-1}] \tag{2.59}$$

외표면($A_o = 2\pi R_o L$) 기준 :

$$Q = k_2 (T_{b1} - T_{b2}) A_o \quad [\mathrm{W}] \tag{2.60}$$

$$\frac{1}{k_2} = \frac{1}{\alpha_1}\frac{R_o}{R_i} + \frac{R_o}{\lambda}\ln\frac{R_o}{R_i} + \frac{1}{\alpha_2} \quad [\{W/(m^2 \cdot K)\}^{-1}] \tag{2.61}$$

또 면적 대신에 관 길이 L[m]을 이용하여,

$$Q = k_l(T_{b1} - T_{b2})L \quad [W] \tag{2.62}$$

로 열통과율 k_l을 정의하면, 다음 식과 같이 k_l은 기준면을 잡는 방법과는 무관하게 된다.

$$k_l = \frac{2\pi}{\dfrac{1}{\alpha_1 R_i} + \dfrac{1}{\lambda}\ln\dfrac{R_o}{R_i} + \dfrac{1}{\alpha_2 R_o}} \quad [W/(m \cdot K)] \tag{2.63}$$

참고 2

두께가 얇은 금속제 원관과 같이 대류 전열의 저항에 비해서 관벽 내의 열전도저항이 근사적으로 무시될 경우, 즉 관벽 내의 온도가 거의 균일하다고 볼 수 있는 경우에는 관벽의 개략적인 온도 T_w는 식 (2.53)과 마찬가지로 하여,

$$T_w = \frac{\alpha_1 R_i T_{b1} + \alpha_2 R_o T_{b2}}{\alpha_1 R_i + \alpha_2 R_o} \quad [\text{K 또는 ℃}] \tag{2.64}$$

다층관의 경우

$$\text{열통과의 저항 } R = \frac{1}{\alpha_1 A_i} + \frac{\ln\dfrac{R_1}{R_i}}{2\pi\lambda_1 L} + \cdots + \frac{\ln\dfrac{R_o}{R_{n-1}}}{2\pi\lambda_n L} + \frac{1}{\alpha_2 A_o} \quad [K/W] \tag{2.65}$$

$$\text{전열량 } Q = \frac{2\pi L(T_{b1} - T_{b2})}{\dfrac{1}{\alpha_1 R_i} + \dfrac{1}{\lambda_1}\ln\dfrac{R_1}{R_i} + \cdots + \dfrac{1}{\lambda_n}\ln\dfrac{R_o}{R_{n-1}} + \dfrac{1}{\alpha_2 R_o}} \quad [W] \tag{2.66}$$

예제 2.6

온도 170.0℃ 인 포화증기가 외경 120.0mm, 두께 10.0mm, 길이 100mm인 동관 내를 흐르고 있다. 이 관에 두께 25.0mm, 열전도율 0.140W/(m · K)의 보온재를 사용한 경우, 보온재가 없는 경우에 비해서 손실열량은 어느 정도 감소할까? 단, 증기 측 및 외기 측의 열전달율은 각각 5800W/(m^2 · K) 및 17.0W/(m^2 · K), 외기온도는 20.0℃ 로 한다.

풀이

$$R_1 = 0.0600\text{m},\ R_i = 0.0600 - 0.0100 = 0.0500\text{m}$$

$$R_o = 0.0600 + 0.0250 = 0.0850\,\text{m},\ L = 100\,\text{m},\ \lambda_2 = 0.140\text{W}/(\text{m}\cdot\text{K})$$

$$\alpha_1 = 5800\,\text{W}/(\text{m}^2\cdot\text{K}),\ \alpha_2 = 17.0\text{W}/(\text{m}^2\cdot\text{K})$$

$$T_{b1} = 170.0℃,\ T_{b2} = 20.0℃$$

동관의 열전도율은 주어지지 않았지만 〈표 2.1〉로부터, $\lambda_1 = 54\text{W}/(\text{m}\cdot\text{K})$로 한다.

① 보온재를 사용하지 않은 경우 :

식 (2.57)로부터,

$$Q_1 = \frac{2\pi L(T_{b1} - T_{b2})}{\dfrac{1}{\alpha_1 R_i} + \dfrac{1}{\lambda_1}\ln\dfrac{R_1}{R_i} + \dfrac{1}{\alpha_2 R_1}}$$

$$= \frac{2\pi \times 100 \times (170.0 - 20.0)}{\dfrac{1}{5800 \times 0.0500} + \dfrac{1}{54}\ln\dfrac{600}{500} + \dfrac{1}{17.0 \times 0.0600}}$$

$$= 9.55 \times 10^4\text{W}$$

② 보온관의 경우 :

식 (2.66)으로부터,

$$Q_2 = \frac{2\pi L(T_{b1} - T_{b2})}{\dfrac{1}{\alpha_1 R_i} + \dfrac{1}{\lambda_1}\ln\dfrac{R_1}{R_i} + \dfrac{1}{\lambda_2}\ln\dfrac{R_o}{R_1} + \dfrac{1}{\alpha_2 R_o}}$$

$$= \frac{2\pi \times 100 \times (170.0 - 20.0)}{\dfrac{1}{5800 \times 0.0500} + \dfrac{1}{54}\ln\dfrac{600}{500} + \dfrac{1}{0.140}\ln\dfrac{850}{600} + \dfrac{1}{17.0 \times 0.0850}}$$

$$= 2.96 \times 10^4 \text{ W}$$

$$\therefore\ Q_2 - Q_1 = -6.59 \times 10^4 \text{W} = -65.9\,\text{kW}$$

따라서 65.9kW 감소한다.

혹은 $\dfrac{Q_2 - Q_1}{Q_1} = -0.690$이므로 69% 감소한다.

참고

이 예제의 경우, 관 내의 증기에서 관 내면으로의 열전달저항 및 관벽 내의 열전도저항은, 관 외면에서 외기로의 열전달저항 또는 보온층 내의 열전도저항에 비해서 대단히 작기 때문에 무시하여 계산해도 좋다.

실제 위의 예로 관벽의 온도를 계산해 보면,

① 보온재를 사용하지 않은 경우 :

관 내면 온도 : $T_i = T_{b1} - Q_1/(\alpha_1 A_i) = 170.0 - 0.52 = 169.5\,℃$

관 외면 온도 : $T_1 = T_{b2} + Q_1/(\alpha_2 A_1) = 20.0 - 148.9 = 168.9\,℃$

② 보온관의 경우 :

관 내면 온도 : $T_i = T_b - Q_2/(\alpha_1 A_i) = 170.0 - 0.16 = 169.8\,℃$

관 외면 온도 : $T_1 = T_i - Q_2 \ln(R_1/R_i)/(2\pi\lambda_1 L)$

$= 169.84 - 0.16 = 169.7℃$

이고, 관 내·외면의 온도는 어떠한 경우도 관 내 증기의 온도 170℃ 에서 거의 변하지 않는다.

위에서 기술한 2개의 열저항을 무시하고 계산하면,

① 보온재를 사용하지 않은 경우 :

$$Q_1 = \alpha_2(T_{b1} - T_{b2})2\pi R_1 L = 9.61 \times 10^4 \text{W}$$

② 보온관의 경우 :

$$Q_2 = \frac{2\pi L(T_{b1} - T_{b2})}{\dfrac{1}{\lambda_2}\ln\dfrac{R_o}{R_1} + \dfrac{1}{\alpha_2 R_o}} = 2.96 \times 10^4 \text{W}$$

가 되고, 엄밀히 계산한 결과와 비교하였을 때 보온재를 사용하지 않은 경우 약 0.6%의 오차가 있고, 보온관의 경우에는 같은 값을 얻을 수 있다.

예제 2.7

내경 50.0mm, 외경 62.0mm, 길이 41.0m인 강관 내를 온도 311℃인 포화증기가 유량 0.87kg/s로 흐르고 있다. 이 증기 수송관의 외측에 A와 B, 두 종류의 보온재를 감는다. 보온재 A 및 B의 열전도율은 각각 0.078W/(m·K) 및 0.200W/(m·K)이다. 다음의 조건 ①~④가 주어졌을 때 보온재 A와 B의 두께[mm]를 각각 얼마로 하면 좋겠는가?

조건 : ① 보온재 A는 보온재 B보다 값이 싸기 때문에 가능한 한 보온재 A를 사용하고 싶다. 그러나 보온재 A는 200℃ 이상의 온도에서는 사용할 수 없기 때문에 먼저 보온재 B를 사용하고 그 위에 보온재 A를 설치한다.

② 주위로의 열손실에 의해서 증기 수송관 내에서 응축하는 증기량은 전유량의 1%로 낮춘다. 온도 311℃에서 증발잠열은 1320kJ/kg이고 관 내에서의 압력손실은 무시할 수 있다.

③ 주위의 공기온도는 20℃이고 보온재 표면과 공기 사이의 열전달율은 방사의 영향도 포함하여 12.0W/(m^2·K)이다.

④ 관 내측 및 관벽 내의 열저항은 대단히 작기 때문에 무시할 수 있다.

풀이

관의 단위길이당의 방열량은 조건 ②로부터,

$$\frac{Q}{L}=\frac{0.87\times0.01\times1320}{41.0}=0.280\,\mathrm{kW/m}=280\,\mathrm{W/m}$$

조건 ①과 ④로부터, 보온재 B에서 온도가 311℃ 에서 200℃ 가 되면 되기 때문에 식 (2.33)으로부터,

$$\frac{Q}{L}=\frac{2\pi\lambda_B(T_{b1}-T_B)}{\ln\dfrac{D_B}{D_0}}=\frac{2\pi\times0.200(311-200)}{\ln\dfrac{D_B}{62.0}}=280$$

$$\therefore\ \ln\frac{D_B}{62.0}=0.498,\quad D_B=102\,\mathrm{mm}$$

따라서 보온재 B의 두께 δ_B는,

$$\delta_B=\frac{102-62}{2}=20\,\mathrm{mm}$$

보온재 A 내의 열전도와 보온재 표면에서의 대류전열을 생각해서,

$$\frac{Q}{L}=\frac{2\pi(T_B-T_{b2})}{\dfrac{1}{\lambda_A}\ln\dfrac{D_B}{D_A}+\dfrac{2}{\alpha_2 D_A}}$$

$$=\frac{2\pi(200-20)}{\dfrac{1}{0.078}\ln\dfrac{D_A}{102}+\dfrac{2}{12.0D_A\times10^{-3}}}=280$$

(이 식 대신에 보온재 B 내의 열전도도 포함한 식을 생각하여도 좋다.)

$$\therefore\ \ln\frac{D_A}{102}+\frac{13.0}{D_A}=0.315$$

이 방정식을 다음과 같이 고쳐 쓰고, 반복계산을 통해 그 해를 구할 수가 있다.

$$D_A = 102\exp\left(0.315 - \frac{13.0}{D_A}\right)$$

D_A (가정)	D_A (오른쪽 항에서 산출)
140	127
127	126
126	126

$$\therefore\ D_A = 126\,\mathrm{mm}$$

따라서, 보온재 A의 두께 δ_A는,

$$\delta_A = \frac{126-102}{2} = 12\,\mathrm{mm}$$

예제 2.8

압력 8.0MPa(물의 포화온도 295℃)인 수관보일러의 증발관에 외경 76.0mm, 내경 68.0mm, 사용한계온도 430℃의 탄소강관이 이용되고 있다. 이 보일러를 장기간 운전한 결과 관 내면에 열전도율 0.80W/(m·K)의 스켈이 두께 0.6mm로 부착되었다. 스켈이 부착된 상태로 보일러의 운전을 계속하여도 될지 여부를 안전상의 관점으로 판단하시오. 또 청정관의 경우와 비교하여 전열량은 몇 % 감소할 것인가를 계산하시오. 단, 연소가스의 온도는 1000℃, 연소가스에서 관으로의 열전달율은 방사의 영향도 포함하여 200W/(m^2·K), 관에서 보일러수로의 열전달율은 5000W/(m^2·K), 탄소강의 열전도율은 40W/(m·K)로 한다.

풀이

$$R_1 = 68.0/2\,\mathrm{mm} = 0.0340\,\mathrm{m},\ R_o = 76.0/2\,\mathrm{mm} = 0.0380\,\mathrm{m}$$

$$R_i = 0.0340 - 0.0006 = 0.0334\,\mathrm{m},\ T_{b1} = 1000\,℃,\ T_{b2} = 295\,℃$$

$\alpha_1 = 200\text{W}/(\text{m}^2 \cdot \text{K}),\ \alpha_2 = 5000\text{W}/(\text{m}^2 \cdot \text{K})$

$\lambda_1 = 40\text{W}/(\text{m} \cdot \text{K}),\ \lambda_2 = 0.80\text{W}/(\text{m} \cdot \text{K})$

① 청정관의 경우 :

식 (2.57)로부터,

$$\frac{Q_1}{L} = \frac{2\pi(T_{b1} - T_{b2})}{\dfrac{1}{\alpha_1 R_o} + \dfrac{1}{\lambda_1}\ln\dfrac{R_o}{R_1} + \dfrac{1}{\alpha_2 R_1}}$$

$$= \frac{2\pi(1000 - 295)}{\dfrac{1}{200 \times 0.0380} + \dfrac{1}{40}\ln\dfrac{380}{340} + \dfrac{1}{5000 \times 0.0340}}$$

$$= 3.16 \times 10^4 \text{W/m}$$

② 스켈이 부착한 관의 경우 :

식 (2.66)으로부터,

$$\frac{Q_2}{L} = \frac{2\pi(T_{b1} - T_{b2})}{\dfrac{1}{\alpha_1 R_o} + \dfrac{1}{\lambda_1}\ln\dfrac{R_o}{R_i} + \dfrac{1}{\lambda_2}\ln\dfrac{R_1}{R_i} + \dfrac{1}{\alpha_2 R_i}}$$

$$= \frac{2\pi(1000 - 295)}{\dfrac{1}{200 \times 0.0380} + \dfrac{1}{40}\ln\dfrac{380}{340} + \dfrac{1}{0.80}\ln\dfrac{340}{334} + \dfrac{1}{5000 \times 0.0334}}$$

$$= 2.72 \times 10^4 \text{W/m}$$

관벽의 온도는 연소가스 측의 면(관 외면)에서 가장 높게 나타난다.

스켈이 부착한 관의 외면온도 T_{o2}는,

$$T_{o2} = T_{b1} - \frac{Q_2}{2\pi R_o L \alpha_1} = 1000 - \frac{2.72 \times 10^4}{2\pi \times 0.0380 \times 200}$$

$$= 1000 - 570 = 430℃$$

관벽의 최고온도는 이미 관 재료의 사용한계온도 430℃에 도달하였기 때문에 이대로 운전을 계속하는 것은 위험하다. 즉시 운전을 정지하고 스켈을 제거하여야 한다.

$$\frac{Q_2 - Q_1}{Q_1} = \frac{272}{316} - 1 = -0.139$$

따라서 전열량은 13.9% 감소한다.

참고

청정관의 최고온도는,

$$T_{o1} = T_{b1} - \frac{Q_1}{2\pi R_o L \alpha_1} = 1000 - \frac{3.16 \times 10^4}{2\pi \times 0.0380 \times 200}$$

$$= 1000 - 662 = 338℃$$

따라서 증발관의 온도는 스켈의 부착에 의해서 92℃나 상승하지만 이 경우의 열통과는 스켈의 유무에 관계없이 연소가스 측의 열저항에 의해 크게 지배되기 때문에 전열량의 감소는 비교적 작다.

2.3.4 열통과에서 전열촉진의 방법

먼저 어떤 열통과의 예로 다음의 [예제 2.9]를 생각하여 보자.

예제 2.9

두께 5.0mm의 철판[열전도율 50W/(m·K)]을 통하여 물과 공기가 열교환하고 있다. 물 측의 열전달율은 5000W/(m^2·K), 공기 측의 열전달율은 50.0W/(m^2·K)이다. 이 경우 전열량을 크게 하기 위해서 유속을 크게 하거나 혹은 흐름의 난류성을 크게 하여, 공기 측의 열전달율이 두 배가 되도록 하였다. 이때 전열량은 원래 경우의 몇 배가 되는가? 또 공기 측은 처음과 같이 두고 물 측의 열전달율을 두 배로 하면 전열량은 원래의 경우의 몇 배가 될 것인가?

풀이

각 경우의 열통과저항을 생각해 보자.

① 원래의 경우 :

식 (2.43)으로부터,

$$R_0 = \frac{1}{\alpha_1 A} + \frac{\delta}{\lambda A} + \frac{1}{\alpha_2 A}$$

$$= \frac{1}{5000A} + \frac{0.0050}{50A} + \frac{1}{50.0A} = \frac{0.00020}{A} + \frac{0.00010}{A} + \frac{0.02000}{A}$$

$$= \frac{0.02030}{A}\text{K/W}$$

② 공기 측의 열전달율 α_2를 2배로 한 경우 :

$$R_1 = \frac{1}{5000A} + \frac{0.0050}{50A} + \frac{1}{100.0A}$$

$$= \frac{0.00020}{A} + \frac{0.00010}{A} + \frac{0.01000}{A}$$

$$= \frac{0.01030}{A}\text{K/W}$$

물과 공기의 온도는 원래의 경우와 마찬가지이기 때문에 이 경우의 전열량 Q_1은 원래의 전열량 Q_0에 비례하여, 식 (2.42)로부터,

$$\frac{Q_1}{Q_0} = \frac{R_0}{R_1} = \frac{0.02030}{0.01030} = 1.97$$

즉, 전열량은 1.97배가 된다.

③ 물 측의 열전달율 α_1을 2배로 한 경우 :

$$R_2 = \frac{1}{10000A} + \frac{0.0050}{50A} + \frac{1}{50.0A} = \frac{0.00010}{A} + \frac{0.00010}{A} + \frac{0.02000}{A}$$

$$= \frac{0.02020}{A}\text{K/W}$$

$$\frac{Q_2}{Q_0}=\frac{R_0}{R_2}=\frac{0.02030}{0.02020}=1.005$$

즉, 전열량은 1.005배가 된다.

참고

이 예에서 열통과의 전열량을 증대시키기 위해서 물 측의 열전달율 α_1을 크게 하는 궁리를 하여도 최대로(즉 $\alpha_1 \to \infty$로 되었다 하더라도),

$$\frac{Q}{Q_0}=\frac{R_0}{R}=\frac{0.02030}{0.02010}=1.010\text{배}$$

밖에 되지 않고, 이 이상의 전열량 증대는 불가능하다.

한편, 공기 측의 열전달율 α_2를 크게 하기 위한 궁리를 하여 전열량을 2배로 하려면 열통과저항 R이,

$$R=\frac{R_0}{2}=\frac{0.01015}{A}\ \mathrm{K/W}$$

가 되면 좋으므로,

$$\frac{1}{\alpha_2 A}=R-\frac{1}{\alpha_1 A}-\frac{\delta}{\lambda A}=\frac{0.01015}{A}-\frac{0.00020}{A}-\frac{0.00010}{A}$$

$$=\frac{0.00985}{A}\ \mathrm{K/W}$$

따라서,

$$\alpha_2=101.5\ \mathrm{W/(m^2\cdot K)}\ (\text{원래 } \alpha_2 \text{ 값의 } 2.03\text{배})$$

로 하면 된다.

열통과에 있어서 전열량은, 양 유체의 온도가 주어진 경우 열통과저항에 반비례하기 때문에 전열량을 증대시키기 위해서는 그 열저항을 감소시키면 좋다. 그 경우 위에서 기술한 [예제 2.9]로도 알 수 있듯이 일반적으로 전열량은 열통과저항을 구성하고 있는 각 전열과정의 저항 $1/(\alpha A)$, $\delta/(\lambda A)$ 중 최대저항에 의해서 가장 크게 지배된다([예제 2.8]의 참고 참조). 따라서 그 최대저항을 작게 하는 것이 전열을 촉진하기 위한 가장 유효한 방법이다.

전열촉진을 생각하는 경우에, 열전도저항 $\delta/(\lambda A)$은 열전달저항 $1/(\alpha A)$에 비해서 작은 것이 보통이다. 열전달저항 $1/(\alpha A)$을 작게 하기 위해서는 유속을 크게 하거나, 흐름의 난류성을 크게 하거나, 혹은 경계층을 얇게 하는 등의 궁리를 하여 열전달율 α를 크게 한다(3.3.1절 참조). 또는 휜을 붙여서(다음 절 참조) 전열면적 A를 크게 하면 좋다.

2.4 휜의 전열

2.4.1 가늘고 긴 봉형 휜의 경우

다음 가정하에서 〈그림 2.8〉에 나타내는 것과 같은 높이 H의 가늘고 긴 봉형 휜의 온도분포 및 휜에 의한 전열량을 구하시오.

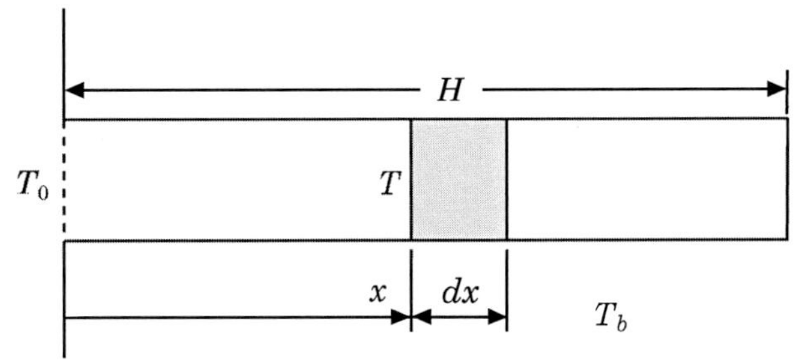

〈그림 2.8〉 봉 형태의 휜

① 휜의 온도는 축에 직각인 단면상에서는 일정하다.

② 휜 표면에서 주위 유체(온도 T_b)로의 열전달율 α는 전 표면에 걸쳐서 일정하다.

③ 휜의 단면적 A도, 원주길이 S도 축방향으로 일정하다.

④ 휜 재료의 열전도율 λ는 일정하다.

봉형의 휜에서 길이 dx인 미소체적요소에 관한 열량의 수지를 생각하자. 미소체적요소에 열전도로 들어오는 열량을 Q_x, 열전도로 나가는 열량을 Q_{x+dx}, 미소체적요소에서 주위 유체로 대류에 의해 나가는 열량을 Q_c로 하면, 이들의 각 열량은 각각 다음과 같이 나타난다.

$$Q_x = -\lambda \frac{dT}{dx} A \tag{2.67}$$

$$Q_{x+dx} = Q_x + \frac{dQ_x}{dx} dx = -\lambda \frac{dT}{dx} A - \lambda \frac{d^2 T}{dx^2} A dx \tag{2.68}$$

$$Q_c = \alpha (T - T_b) S dx \tag{2.69}$$

정상상태에서는,

$$Q_x = Q_{x+dx} + Q_c \tag{2.70}$$

이기 때문에, 이로부터 다음의 미분방정식이 유도된다.

$$\frac{d^2 T}{dx^2} = \frac{\alpha S}{\lambda A} (T - T_b) \tag{2.71}$$

여기서,

$$\Theta = \frac{T - T_b}{T_0 - T_b} \tag{2.72}$$

$$m = \sqrt{\frac{\alpha S}{\lambda A}} \quad [\mathrm{m}^{-1}] \tag{2.73}$$

로 둔다. 단 T_0는 휜의 뿌리온도이다. 이때 식 (2.71)은 다음과 같이 된다.

$$\frac{d^2 \Theta}{dx^2} - m^2 \Theta = 0 \tag{2.74}$$

이 미분방정식의 일반해는

$$\Theta = C_1 e^{mx} + C_2 e^{-mx} \tag{2.75}$$

여기서, C_1, C_2 : 적분정수(경계조건으로부터 결정)

(1) 휜의 선단에서 전열이 무시되는 경우

경계조건 $$\left.\begin{aligned} x = 0 \ &; \ \Theta = 1 \\ x = H \ &; \ \frac{d\Theta}{dx} = 0 \end{aligned}\right\} \tag{2.76}$$

$$\therefore \ C_1 = \frac{e^{-mH}}{e^{mH} + e^{-mH}} \tag{2.77}$$

$$C_2 = \frac{e^{mH}}{e^{mH} + e^{-mH}} \tag{2.78}$$

이것을 식 (2.75)에 대입하면 휜의 온도분포가 구해진다.

$$\text{온도분포} \ \Theta = \frac{e^{m(H-x)} + e^{-m(H-x)}}{e^{mH} + e^{-mH}} = \frac{\cosh[m(H-x)]}{\cosh(mH)} \tag{2.79}$$

휜에서 유체로 전달되는 열량 Q_f는 휜의 뿌리를 흐르는 열량과 같기 때문에

$$Q_f = -\lambda\left(\frac{dT}{dx}\right)_{x=0} A = -\lambda\left(\frac{d\Theta}{dx}\right)_{x=0} (T_0 - T_b)A \tag{2.80}$$

식 (2.80)에 식 (2.79)를 대입하여

$$\text{전열량} \ Q_f = \lambda(T_0 - T_b)mA \tanh(mH) \ \ [\mathrm{W/fin}] \tag{2.81}$$

참고

식 (2.81)로 표시된 휜에서의 전열량 Q_f는 다음과 같이 하여도 구할 수 있다. 전열량 Q_f는 휜 표면에서 주위 유체로의 전열량이기 때문에,

$$Q_f = \int_0^H \alpha(T - T_b)Sdx = \alpha S(T_0 - T_b)\int_0^H \Theta dx \tag{2.82}$$

따라서,

$$\begin{aligned} Q_f &= \alpha S(T_0 - T_b)\int_0^H \frac{\cosh[m(H-x)]}{\cosh(mH)}dx \\ &= \alpha S(T_0 - T_b)\frac{\sinh(mH)}{m\cosh(mH)} \\ &= \lambda(T_0 - T_b)mA\tanh(mH) \end{aligned} \tag{2.81}$$

(2) 휜의 선단에서 전열을 고려한 경우

$$\text{경계조건}\quad \left.\begin{aligned} &x = 0\ ;\ \Theta = 1 \\ &x = H\ ;\ -\lambda\frac{d\Theta}{dx} = \alpha\Theta \end{aligned}\right\} \tag{2.83}$$

식 (2.83)의 경계조건을 이용하여, 식 (2.75)의 적분정수 C_1, C_2를 결정하면, 휜의 온도분포가 결정된다. 또한 앞에서 한 것과 같이 휜에서의 전열량을 구할 수가 있다.

$$\text{온도분포}\quad \Theta = \frac{\cosh[m(H-x)] + \dfrac{\alpha}{m\lambda}\sinh[m(H-x)]}{\cosh(mH) + \dfrac{\alpha}{m\lambda}\sinh(mH)} \tag{2.84}$$

$$\text{전열량}\quad Q_f = \lambda(T_0 - T_b)mA\frac{\sinh(mH) + \dfrac{\alpha}{m\lambda}\cosh(mH)}{\cosh(mH) + \dfrac{\alpha}{m\lambda}\sinh(mH)} \tag{2.85}$$

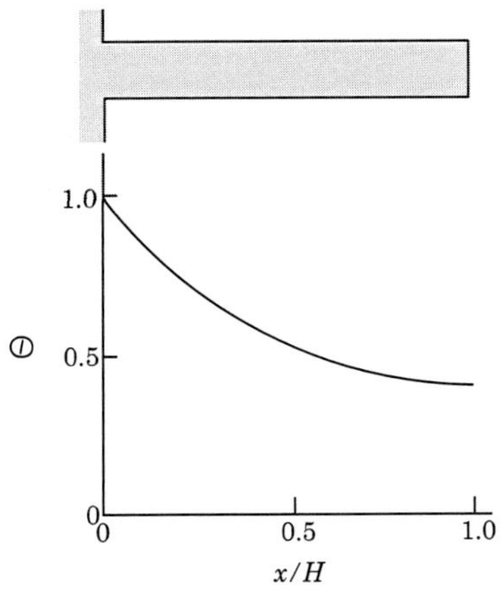

〈그림 2.9〉 휜 온도분포의 예($mH = 1.5$, $\alpha/(m\lambda) = 0.05$의 경우)

식 (2.84)에 의해서 나타나는 휜의 온도분포 예를 〈그림 2.9〉에 나타낸다. 휜 표면에서 대류전열에 의한 열제거 때문에, 전도에 의해서 휜 내를 흐르는 열량은 휜 뿌리로부터 거리 x가 증가함에 따라 감소한다. 따라서 그림에서도 나타내고 있는 것과 같이 휜 온도의 x방향의 공배는 x가 증가함에 따라 감소한다. 그리고 휜 선단에서는 작은 온도공배로 되어 있다. 이것은 휜에서 전열량을 산출할 때에 휜 선단에서 전열을 무시하여도, 그에 의한 오차는 적다는 것을 의미하고 있다. 특히 mH가 크고, $\alpha/(m\lambda)$가 작은 휜일수록 그 오차는 작고, 휜 선단에서의 전열을 무시하고 계산하여도 좋다.

2.4.2 사각 휜의 경우

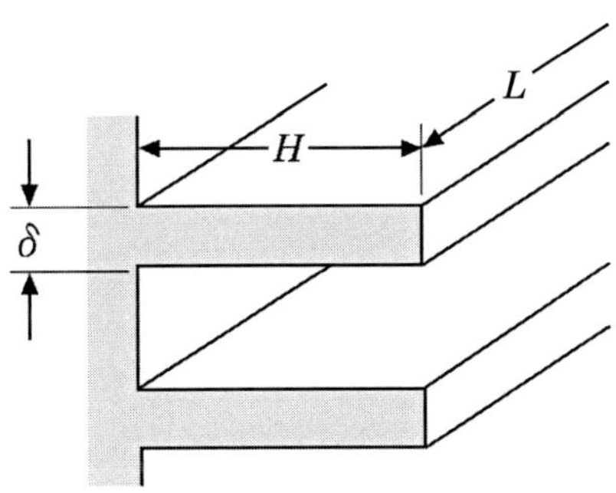

〈그림 2.10〉 사각 휜

〈그림 2.10〉에 나타낸 것과 같은 사각 휜(직선 휜이라고도 말함)의 경우, 휜의 두께 δ[m]가 휜의 길이 L[m]에 비해서 충분히 작을 때($\delta \ll L$)에는 $A = \delta L$, $S = 2L$을 식 (2.73)에 대입하여,

$$m = \sqrt{\frac{2\alpha}{\lambda\delta}} \quad [\mathrm{m}^{-1}] \tag{2.86}$$

이 m의 값을 이용하여 앞에서 기술한 식 (2.79) 또는 식 (2.84) 및 (2.81) 또는 식 (2.85)로부터 각각 온도분포 및 전열량을 산출하면 된다.

2.4.3 휜 효율

휜을 붙임에 따라 표면적이 10배가 되었다 하여도 표면에서 유체로 전해지는 열량은 10배가 되지 않고 휜 자체의 열저항 때문에 그 이하가 된다. 이와 같은 휜 역할의 좋고 나쁨은 다음 식으로 정의되는 휜 효율(fin efficiency) η_f로 표시된다.

$$\eta_f = \frac{Q_f}{Q_\infty} \tag{2.87}$$

여기서, Q_f : 1개의 휜으로부터 전열량, 식 (2.81) 혹은 식 (2.85)[W/fin]

Q_∞ : 열저항이 없다. 즉 열전도율이 무한대인 재료로 만들어진 이상적인 휜에서의 전열량[W/fin]

① 봉형 휜의 경우 :

$$Q_\infty = \alpha(T_0 - T_b)(SH + A) \quad [\mathrm{W/fin}] \tag{2.88}$$

② 사각 휜의 경우 :

$$Q_\infty = \alpha(T_0 - T_b)(2HL + A) \quad [\mathrm{W/fin}] \tag{2.89}$$

단, 휜 선단에서 전열을 무시하고 Q_f를 식 (2.81)로부터 산출하는 경우에는 식 (2.88)과 식 (2.89)에서 A는 생략한다.

예제 2.10

사방 1m의 평면벽에 알루미늄제의 높이 20.0mm, 두께 2.0mm, 길이 1m의 사각 휜을 등간격으로 50장 붙인다. 이 평면벽에서의 전열량은 휜을 붙임에 따라서 어느 정도 증가할 것인가? 또 이 휜의 휜 효율을 구하시오. 단, 평면벽 표면의 온도는 250℃, 외기온도는 30℃, 열전달율은 휜을 붙여도 변하지 않고 벽 표면 및 휜 표면에서 240W/(m^2·K)이다.

풀이

〈표 2.1〉로부터 알루미늄의 열전도율은 $\lambda = 204$W/(m·K)이다.

① 휜을 붙이지 않은 경우 :

$$Q_0 = \alpha(T_0 - T_b)A_0 = 240 \times (250 - 30) \times 1 = 5.28 \times 10^4 \mathrm{W}$$

② 휜을 붙이는 경우 :

휜을 붙이지 않은 표면에서의 전열량 Q_1은,

$$Q_1 = \alpha(T_0 - T_b)(A_0 - 50A) = 240 \times 220 \times (1 - 50 \times 0.0020 \times 1)$$
$$= 4.75 \times 10^4 \mathrm{W}$$

휜 한 장에서의 방열량 Q_f는 식 (2.86)으로부터,

$$m = \sqrt{\frac{2\alpha}{\lambda\delta}} = \sqrt{\frac{2 \times 240}{204 \times 0.0020}} = 34.3 \mathrm{m}^{-1}$$

$$mH = 34.3 \times 0.0200 = 0.686$$

$$\frac{\alpha}{m\lambda} = \frac{240}{204 \times 34.3} = 0.0343$$

$$\sinh(mH) = 0.741, \ \cosh(mH) = 1.245$$

식 (2.85)로부터,

$$Q_f = 204(250-30) \times 34.3 \times 0.0020 \times 1 \times \frac{0.741 + 0.0343 \times 1.245}{1.245 + 0.0343 \times 0.741}$$

$$= 1900 \, \mathrm{W/fin}$$

휜은 50장이기 때문에 휜을 붙인 경우 전체 전열량 Q_F는,

$$Q_F = 4.75 \times 10^4 + 1900 \times 50 = 14.25 \times 10^4 \, W$$

$$\frac{Q_F}{Q_0} = \frac{14.25}{5.28} = 2.70$$

따라서, 휜을 붙임에 따라 전열량은 2.7배가 된다.

식 (2.89)로부터,

$$Q_\infty = \alpha(T_0 - T_b)(2HL + A)$$

$$= 240 \times 220(2 \times 0.0200 \times 1 + 0.0020 \times 1) = 2218 \, \mathrm{W/fin}$$

따라서 휜효율 η_f는, 식 (2.87)로부터,

$$\eta_f = \frac{Q_f}{Q_\infty} = \frac{1900}{2218} = 0.857 = 85.7\,\%$$

참고

휜 선단에서의 방열을 무시하면,

식 (2.81)로부터, $Q_f = 1833\,\mathrm{W/fin}$

식 (2.89)로부터(단, A를 생략함), $Q_\infty = 2112\,\mathrm{W/fin}$

식 (2.87)로부터, $\eta_f = 86.8\%$

로 되고, Q_f에서 3.5%, n_f에서 1.3% 정도의 오차이다. 따라서 휜 선단에서의 방열을 무시한 계산으로도 충분하다.

예제 2.11

두께 5.0mm인 철판[열전도율 50W/(m·K)]을 사이에 두고 물과 공기가 열교환을 하고 있다. 물 측의 열전달율은 5000W/(m²·K), 공기 측의 열전달율은 50.0W/(m²·K)이다. 이 경우 전열량을 크게 하기 위해서 철판의 공기 측 표면에 휜 효율 79.0%의 휜을 붙여 공기 측 전열면적을 원래 면적의 10배로 한다. 이때 공기 측의 전열면에서 휜 뿌리가 차지하는 면적은 원래 면적의 1/3이다(원래 면적의 2/3는 철판의 표면으로 그대로 남아 있다). 휜 표면과 휜 이외의 표면에서 열전달율은 원래의 값과 같다. 물과 공기 사이의 전열량은 휜을 붙이지 않은 경우의 몇 배가 될까? 또 공기 측이 아닌, 물 측 표면에 같은 휜 효율의 휜을 마찬가지로 붙였을 때 물과 공기 사이의 전열량은 휜을 붙이지 않은 경우의 몇 배가 될 것인가?([예제 2.9] 참조)

풀이

휜을 붙이지 않은 경우의 전열면적을 A_0, 전열량을 Q_0, 열통과율을 k_0로 하면 식 (2.41)과 식 (2.45)로부터,

$$Q_0 = k_0(T_{b1} - T_{b2})A_0$$

$$\frac{1}{k_0} = \frac{1}{\alpha_1} + \frac{\delta}{\lambda} + \frac{1}{\alpha_2} = \frac{1}{5000} + \frac{0.0050}{50} + \frac{1}{50.0} = 0.0203$$

$$\therefore\ k_0 = 49.3\,\mathrm{W/(m^2 \cdot K)}$$

휜 부착면의 전체 표면적$= 10A_0$

이중에서 휜의 전체 표면적$= 10A_0 - \frac{2}{3}A_0 = \frac{28}{3}A_0$

휜 부착면의 휜 이외의 표면적 $= \frac{2}{3}A_0$

휜의 뿌리 및 휜 이외의 표면 온도를 T_0, 휜 부착면에서의 전체 전열량을 Q_F로 하면

$$Q_F = \alpha_2(T_0 - T_b)\frac{28}{3}A_0\eta_f + \alpha_2(T_0 - T_b)\frac{2}{3}A_0$$

$$= \alpha_2(T_0 - T_b)(\frac{28}{3}\eta_f + \frac{2}{3})A_0$$

따라서 이 휜 부착면의 전열저항은 $\dfrac{1}{\alpha_2(\frac{28}{3}\eta_f + \frac{2}{3})A_0}$이다.

휜을 부착한 경우 원래의 전열면적 A_0를 기준으로 한 열통과율을 k_F로 하면 전열량 Q_F는,

$$Q_F = k_F(T_{b1} - T_{b2})A_0$$

$$\frac{1}{k_F A_0} = \frac{1}{\alpha_1 A_0} + \frac{\delta}{\lambda A_0} + \frac{1}{\alpha_2(\frac{28}{3}\eta_f + \frac{2}{3})A_0}$$

$$\therefore \frac{1}{k_F} = \frac{1}{5000} + \frac{0.0050}{50} + \frac{1}{50.0(\frac{28}{3}\times 0.790 + \frac{2}{3})} = 0.002788$$

$$k_F = 359\mathrm{W/(m^2 \cdot K)}$$

$$\therefore \frac{Q_F}{Q_0} = \frac{k_F}{k_0} = \frac{359}{49.3} = 7.3\text{배}$$

물 측의 전열면에 휜을 부착하면 마찬가지로,

$$\frac{1}{k'_F} = \frac{1}{5000(\frac{28}{3}\times 0.790 + \frac{2}{3})} + \frac{0.0050}{50} + \frac{1}{50.0} = 0.02012$$

$$k'_F = 49.7\,\mathrm{W/(m^2 \cdot K)}$$

$$\therefore \ \frac{Q'_F}{Q_0} = \frac{k'_F}{k_0} = \frac{49.7}{49.7} = 1.01\text{배}$$

참고

이 예제로부터 알 수 있는 것과 같이 열통과에 있어서 열전달율이 큰 쪽의 전열면에 휜을 부착하여도 전열량 증대의 효과는 거의 없다(2.3.4절 참조).

예제 2.12

직경 5.0mm인 가늘고 긴 청동[열전도율 80W/(m·K)]제의 환봉이 50mm 떨어져서 평행평판 사이에 걸쳐 있다. 평판의 표면온도는 각각 70℃와 100℃로 유지되고 있고, 평판 사이를 흐르는 공기의 온도는 20℃, 환봉 표면에서 열전달율은 140W/(m^2·K)이다. 환봉의 축방향의 온도분포와 환봉에서 공기로의 방열량을 구하시오.

풀이

환봉의 축에 직각인 단면에서 온도는 일정하다고 가정한다. 〈그림 2.11〉과 같이 한쪽의 평판 면으로부터 환봉의 축방향으로 좌표 x를 잡는다. 임의의 점 x에서 환봉의 미소체적요소에 대한 열량의 수지를 생각하면 식 (2.74)와 같은 미분방정식이 얻어지고 이것의 일반해는 식 (2.75) 즉, 다음 식으로 나타낼 수 있다. 단, 현재는 $\theta = T - T_b$로 둔다.

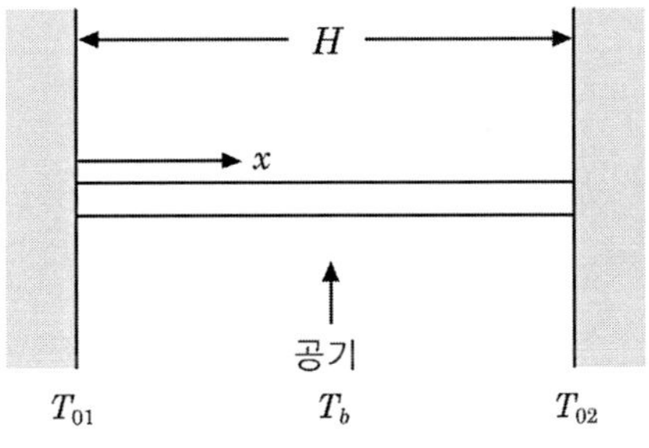

〈그림 2.11〉 [예제 2.12]의 계

$$\theta = C_1 e^{mx} + C_2 e^{-mx} \tag{1}$$

여기서, $m = \sqrt{\dfrac{\alpha S}{\lambda A}}$

경계조건은,

$$x = 0 \ ; \ \theta = \theta_{01}$$

$$x = H \ ; \ \theta = \theta_{02}$$

따라서

$$\left.\begin{aligned} & C_1 + C_2 = \theta_{01} \\ & C_1 e^{mH} + C_2 e^{-mH} = \theta_{02} \end{aligned}\right\} \tag{2}$$

식 (2)의 연립방정식을 풀면,

$$\left.\begin{aligned} C_1 &= \frac{\theta_{02} - \theta_{01} e^{-mH}}{e^{mH} - e^{-mH}} \\ C_2 &= \frac{\theta_{01} e^{mH} - \theta_{02}}{e^{mH} - e^{-mH}} \end{aligned}\right\} \tag{3}$$

식 (3)을 식 (1)에 대입하여 정리하면,

$$\begin{aligned} \theta &= \frac{\theta_{01}[e^{m(H-x)} - e^{-m(H-x)}] + \theta_{02}(e^{mx} + e^{-mx})}{e^{mH} - e^{-mH}} \\ &= \frac{\theta_{01}\sinh[m(H-x)] + \theta_{02}\sinh(mx)}{\sinh(mH)} \end{aligned} \tag{4}$$

환봉으로부터의 방열량 Q는 환봉과 평판의 양 접합면을 흐르는 열량의 합과 같기 때문에,

$$Q = -\lambda A\left(\frac{d\theta}{dx}\right)_{x=0} + \lambda A\left(\frac{d\theta}{dx}\right)_{x=H} \tag{5}$$

식 (4)로부터,

$$\left.\begin{aligned}\left(\frac{d\theta}{dx}\right)_{x=0} &= \frac{-m\theta_{01}\cosh(mH) + m\theta_{02}}{\sinh(mH)} \\ \left(\frac{d\theta}{dx}\right)_{x=H} &= \frac{-m\theta_{01} + m\theta_{02}\cosh(mH)}{\sinh(mH)}\end{aligned}\right\} \tag{6}$$

식 (6)을 식 (5)에 대입하여 정리하면,

$$Q = m\lambda A\frac{(\theta_{01}+\theta_{02})[\cosh(mH)-1]}{\sinh(mH)} \tag{7}$$

여기서 주어진 값으로부터,

$$m = \sqrt{\frac{\alpha S}{\lambda A}} = 2\times\sqrt{\frac{\alpha}{\lambda D}} = 2\times\sqrt{\frac{140}{80\times 0.0050}} = 37.4\text{m}^{-1}$$

$$mH = 37.4\times 0.050 = 1.87$$

$$\sinh(mH) = 3.17,\ \cosh(mH) = 3.32$$

$$\theta_{01} = T_{01} - T_b = 70 - 20 = 50℃$$

$$\theta_{02} = T_{02} - T_b = 100 - 20 = 80℃$$

$$A = \frac{\pi}{4}D^2 = \frac{\pi}{4}\times 0.0050^2 = 1.964\times 10^{-5}\text{m}^2$$

$$\lambda = 80\text{W}/(\text{m}\cdot\text{K})$$

이들의 값을 식 (4) 및 식 (7)에 대입하여 정리하면,

$$\text{온도분포}\quad T = 20 + 15.8\sinh(1.87 - 37.4x) + 25.2\sinh(37.4x)\,[℃]$$

단, x는 온도 70℃인 면으로부터의 거리[m]

$$\text{방열량}\quad Q = \frac{37.4 \times 80 \times 1.964 \times 10^{-5} \times (50 + 80) \times (3.32 - 1)}{3.17}$$

$$= 5.6\text{W}$$

연습문제

2.1 정상상태에서 반경방향으로만 온도분포가 있는 고체 구에 관한 열전도의 기초미분방정식은 식 (2.36)이 되는 것을, 구 내의 미소체적요소의 열수지를 생각하여 유도하시오.

2.2 두께 a인 평판 A와 두께 b인 평판 B가 밀착하여 겹쳐 있고 평판 A의 내부에서는 단위시간, 단위체적당 H의 열량이 발생하고 있다. 평판 A의 다른 방향의 면($x=0$인 면)은 단열되어 있고, 평판 B의 다른 방향의 면($x=a+b$인 면)은 온도 T_b의 유체와 접하여 있으며 그 열전달율은 α이다. 평판 A의 열전도율은 λ_A, 평판 B의 열전도율은 λ_B이고, 평판 사이의 접촉열저항은 무시할 수 있는 것으로 한다. 평판은 충분히 넓고, 열의 흐름은 두께방향(x방향)으로만 있는 것으로 생각해도 좋다. 이 경우 정상상태에서 평판 A의 온도 T_A 및 평판 B의 온도 T_B의 분포는 각각 다음의 형태로 표시된다.

$$T_A = A_0 + A_1 x + A_2 x^2$$
$$T_B = B_0 + B_1 x$$

여기서 x는 평판 A의 단열된 면에서 평판의 두께방향으로 잡은 좌표이다. 위 식의 계수 A_0, A_1, A_2, B_0, B_1의 값을 본문 중의 기호 a, b, λ_A, λ_B, H, α, T_b를 이용하여 구하시오.

2.3 원자력 발전소의 경수로에서는 분말상태의 이산화우라늄을 구워 단단하게 한 후 작은 원주형으로 성형한 연료펠릿을 만들고, 이를 여러 겹으로 쌓아 피복관 내에 넣고 밀봉한 연료봉을 사용하고 있다. 연료봉 내에서는 우라늄의 핵분열에 의해서 열이 발생하고 이 열을 연료봉의 바깥쪽을 흐르는 냉각재(수)에 의해서 제거하고 있다. 열은 연료봉의 반경방향으로만 흐른다고

가정하고 정상상태에서 연료봉 중심과 냉각재의 온도차 $T_c - T_b$를 나타내는 식을 유도하시오. 단, 연료펠릿 내에서 단위시간, 단위체적당 발생하는 열량을 H, 연료펠릿과 피복관재의 열전도율을 각각 λ_1과 λ_2, 연료펠릿의 반경을 R_1, 피복관의 바깥 반경을 R_2, 연료봉과 냉각재 사이의 열전달율을 α로 한다. 연료펠릿과 피복관은 밀착하여 있고 그 사이의 접촉 열저항은 무시한다.

2.4 어떤 금속의 열전도율을 측정하기 위해 이 금속에서 직경 26mm, 길이 50mm의 원주형태의 시험편을 만들었다. 시험편 한쪽 방향의 단면(원형의 면)을 50℃, 다른 방향의 단면을 20℃의 온도로 유지하고, 시험편의 측면을 완전히 단열하여 정상상태가 되었다. 이때, 시험편의 한쪽 단면에서 다른 쪽 방향 단면으로 흐르는 열량을 측정한 결과 5분간 6.12kJ이었다. 이 금속의 열전도율[W/(m·K)]를 구하시오.

2.5 〈그림 2.12〉는 재질이 다른 세 개의 평판 A, B, C를 겹친 다층평판에서 정상상태의 온도분포를 나타내는 것이다. 각 재질의 열전도율은 각각 일정하고 평판의 두께방향(x방향)에 수직한 면에서 온도는 일정하다고 생각해도 좋다. 다음의 질문에 이유를 들어 답하시오.

(1) 그림에서 나타낸 면 1, 2, 3에서 열유속 q_1, q_2, q_3의 크기를 비교하시오.

(2) 각 평판의 열전도율 λ_A, λ_B, λ_C의 크기를 비교하시오.

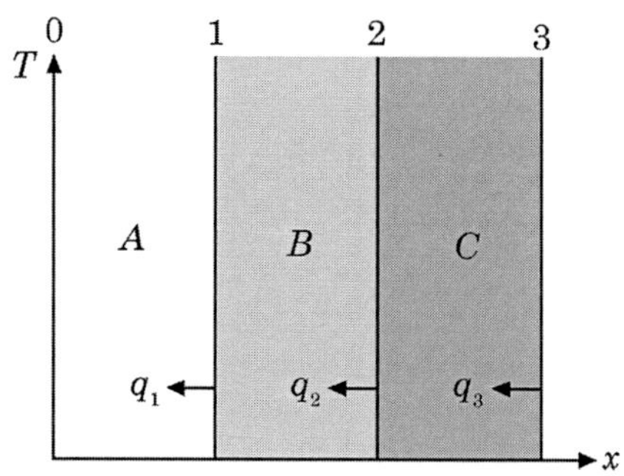

〈그림 2.12〉 연습문제 2.5의 계

2.6 단면 및 재질이 균등한 금속봉으로 되어 있는 〈그림 2.13〉과 같은 물체가 있다. 각 봉

끝의 온도가 그림에서 표시한 값으로 유지되고 있다면 교점 a와 b에서 온도는 각각 얼마가 되어 있다고 생각할 수 있는가? 단, 봉 내에서 발열은 없고, 열은 봉을 통해서만 흐르며, 봉표면과 외부와의 열 출입은 없는 것으로 한다.

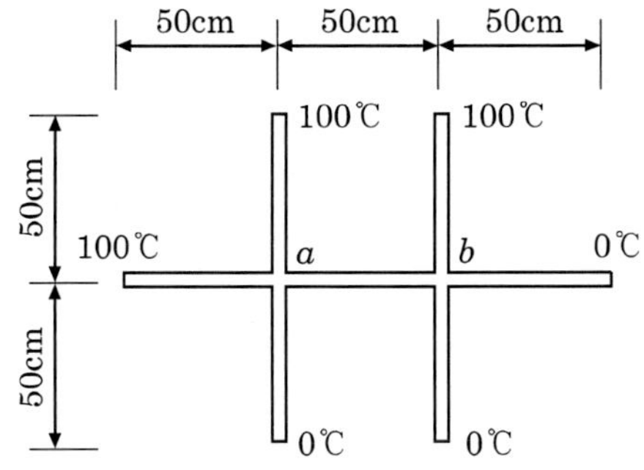

〈그림 2.13〉 연습문제 2.6의 계

2.7 〈그림 2.14〉는 어떤 고체벽의 구석 부분 단면을 표시한 것이다. 이 벽의 표면(점 A, 0, B를 연결한 면)은 온도 20℃의 공기와 접하여 있고 그 열전달율은 14W/(m^2·K)이다. 고체벽의 열전도율은 0.8W/(m·K)이다. 그림에 표시한 것과 같이 고체벽 내에 종방향, 횡방향 모두 간격이 4cm의 정방향 격자를 가상한다. 벽 내에서 열의 통로를 이 격자로 대표시키고 열은 격자봉을 통해서만 이동한다고 생각할 수 있다. 즉 격자봉의 열전도율은 고체벽의 열전도율과 같고, 격자봉의 단면적은 격자 간격의 폭으로 대응하는 단면적(단, 고체벽 표면상의 격자봉에서는 그 반이다)이라고 생각한다. 정상상태에서 그림에 표시한 각 격자점의 온도가 다음 표와 같은 값일 때 점 0의 온도는 얼마라고 추정할 수 있는가? 단, 그림에서 지면으로 수직방향의 벽 내 열이동은 없는 것으로 한다.

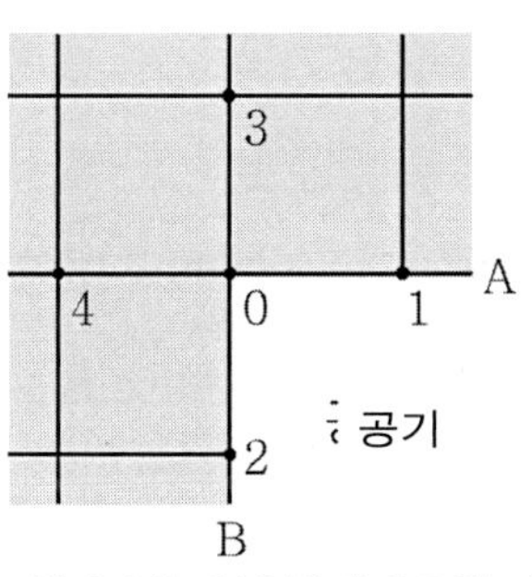

〈그림 2.14〉 연습문제 2.7의 계

격자점	1	2	3	4
온도 ℃	84	72	110	94

2.8 얇은 금속판으로 둘러싸인, 표면적이 $54 m^2$인 밀폐공간에서 매초 12kJ의 열량이 발생하고 있다. 금속판의 외측에 열전도율 0.1W/(m·K)의 보온재를 부착하여 밀봉 공간 내의 온도를 100℃로 유지하고 싶다. 보온재의 두께를 얼마로 하면 좋은가? 단, 금속판과 보온재로 구성되는 벽은 평면벽으로 생각한다. 외기의 온도는 20℃, 벽의 내측과 외측에서 열전달율은 방사의 영향도 포함하여, 각각 $20 W/(m^2 \cdot K)$ 및 $10 W/(m^2 \cdot K)$이고 금속판 내의 열저항은 무시한다.

2.9 얇은 금속판으로 둘러싸인 밀폐공간의 안쪽에서 바깥의 대기로 금속판을 통해서 열이 나가고 있다. 이 열손실량을 반으로 줄이기 위해서 금속판의 외측에 열전도율 0.2W/(m·K)의 단열재를 붙이기로 하였다. 단열재의 두께를 얼마로 하면 좋은가? 단, 벽의 내외에서 열전달율은 방사의 영향도 포함하여 각각 $20 W/(m^2 \cdot K)$ 및 $10 W/(m^2 \cdot K)$이고 금속판 내의 열저항은 무시할 수 있다.

2.10 온도 120℃, 유량 0.0327kg/s의 건포화증기가 증기 수송관 내에 유입되고 있다. 관의 길이는 18.5m, 외경은 44mm, 외기온도는 20℃이다. 관에서 외기로의 열손실 때문에 관 내를 흐르는 증기의 일부가 응축되어 물이 된다. 지금 이 열손실을 줄이기 위해서 관의 외측에 열전도율이 0.16W/(m·K)인 보온재를 감기로 하였다. 관 전체 길이에서 증기의 응축량을 유량의 2% 이하로 하기 위해서는 보온재의 두께를 얼마로 하면 좋은가? 단, 온도 120℃에서 증발잠열은 2202kJ/kg, 보온재 표면과 외기와의 열전달율은 $10 W/(m^2 \cdot K)$이고 관 내측 및 관벽 내의 열저항은 전부 무시한다.

2.11 뿌리의 온도가 250℃로 유지되는 직경 20mm, 높이 200mm인 가늘고 긴 봉형 휜을 이용하여 열전달율 $15 W/(m^2 \cdot K)$의 대류전열에 의해 15℃의 대기로 방열한다. 휜 선단면에서 방열은 무시할 수 있다. 봉의 재질이 ① 동[열전도율 372W/(m·K)], ② 스테인레스 강[열전도율 17W/(m·K)], ③ 유리[열전도율 0.76W/(m·K)]인 경우에 대하여 각 휜에서의 방열량 및 휜 효율을 구하고 그 결과를 비교하시오.

2.12 사방 1m의 평면벽에 알루미늄제의 직경 3mm, 높이 30mm인 가늘고 긴 봉형 휜을 부착함으로써 전열량을 두 배로 하고 싶다. 몇 개의 휜을 붙이면 좋을까? 단, 열전달율은 휜을 부착하여도 변하지 않고 벽 표면 및 휜 표면에서 $25\text{W}/(\text{m}^2 \cdot \text{K})$이다.

제3장 대류전열

3.1 열전달율

고체표면과 유체 사이의 전열은 유체의 대류에 의하여 이루어진다. 유체와 접하고 있는 고체표면의 면적(전열면적)을 A[m^2], 그 온도를 T_w(K 또는 ℃), 유체의 온도를 T_b라고 하면, 고체표면에서 유체로의 대류에 의한 전열량 Q[W]는 다음 식으로 나타낼 수 있다.

$$Q = \alpha(T_w - T_b)A \quad [\mathrm{W}] \tag{3.1}$$

이 식으로 정의되는 열전달율(열전달계수) α[W/(m$^2\cdot$K)]의 값을 어떤 방법으로 알 수 있으면 전열량 Q 또는 전열면온도 T_w 혹은 전열면적 A를 구할 수 있다. 따라서 이 장에서는 여러 가지 경우의 열전달율을 어떻게 하여 구하면 좋을 것인가에 대하여 생각해 본다.

유체가 그보다 온도가 높은 고체표면을 따라서 흐르고 있는 경우에(유체 쪽의 온도가 높은 경우에는 다음 설명에서 열의 흐름은 역방향), 열은 먼저 고체와 접하고 있는 유체입자에 전달된다. 그 열이 유체 내를 열전도 및 유체입자의 운동에 의해 고체표면에 수직한 방향으로 전달된다. 이때 일부의 열은 흐름을 따라 고체표면에 평행한 방향으로 흘러가 버린다. 고체표면과 접하고 있는 유체입자의 속도는 영(0)이기 때문에 여기서는 열전도만으로 열이 전달된다. 따라서 여기에서 단위면적, 단위시간당의 전열량 q_x[W/m^2]은 Fourier의 법칙에 의해 다음 식으로 나타낸다.

$$q_x = \frac{dQ_x}{dA_x} = -\lambda\left(\frac{\partial T}{\partial y}\right)_{y=0} \quad [\mathrm{W/m^2}] \tag{3.2}$$

여기서, x : 고체표면을 따라 흐름방향의 좌표[m]

y : 고체표면에 수직한 방향의 좌표[m]

T : 유체의 온도[K 또는 ℃]

λ : 유체의 열전도율[W/(m·K)]

따라서 임의의 위치 x에서 유체의 y방향 온도분포 $T_x(y)$가 결정되면 고체표면 상의 x에서 전열량(국소열유속 q_x), 또한 열전달율(후술하는 국소열전달율 α_x)이 결정된다. 유체의 온도분포는 유체의 성질, 유동조건 및 경계의 형상에 따라 다르기 때문에 열전달율도 이들의 관수이고, 값은 일반적으로 고체표면의 장소에 따라 다르다. 식 (3.1)을 어떤 특정한 장소 x에 적용하면

$$q_x = \frac{dQ_x}{dA_x} = \alpha_x(T_{wx} - T_{bx}) \quad [\mathrm{W/m^2}] \tag{3.3}$$

이 식으로 정의되는 α_x를 국소열전달율(국소열전달계수, local heat transfer coefficient)이라고 한다.

실제 문제로는, 생각하고 있는 어떤 고체표면 전체에서의 전열량 Q[W]를 알고 싶은 경우가 많다. 면적 A[m^2]의 전열면 전체에 관하여 평균치를 생각하면,

$$q = \frac{Q}{A} = \alpha(T_w - T_b) \quad [\mathrm{W/m^2}] \tag{3.4}$$

여기서, q : 평균열유속[W/m^2]

T_w 및 T_b : 전열면온도 및 유체온도의 평균치[K 또는 ℃]

식 (3.4)에서 정의된 α[W/(m^2·K)]를 평균열전달율(평균열전달계수, average heat transfer coefficient)이라고 한다. 예를 들어 길이 L인 관 또는 평판(관 원주길이 및 평판폭은 B. 단,

관 원주방향 또는 평판폭방향으로는 일정한 상태로 한다)을 생각하면 평균열유속 q는

$$q = \frac{Q}{A} = \frac{B\int_0^L q_x dx}{BL} = \frac{1}{L}\int_0^L q_x \, dx \quad [\mathrm{W/m^2}] \tag{3.5}$$

평균열전달율 α는 식 (3.3), 식 (3.4) 및 (3.5)로부터,

$$\alpha = \frac{1}{T_w - T_b}\frac{1}{L}\int_0^L \alpha_x (T_{wx} - T_{bx}) dx \quad [\mathrm{W/(m^2 \cdot K)}] \tag{3.6}$$

유체온도 T_{bx} 및 전열면온도 T_{wx}가 길이방향(x방향)으로도 일정한 경우에는

$$\alpha = \frac{1}{L}\int_0^L \alpha_x dx \quad [\mathrm{W/(m^2 \cdot K)}] \tag{3.7}$$

실제상에서 고체표면의 국소온도를 알고 싶을 때(예를 들면 전열면온도가 허락하는 한계온도 이하로 되어 있는지 여부를 조사할 때)에는 국소열전달율의 값이 필요하고, 전열량 혹은 전열면적을 알고 싶을 때는 평균열전달율의 값을 알면 된다.

대류에는 펌프나 송풍기 등의 유동강제력에 의해 발생하는 강제대류와, 외부로부터의 강제력에는 관계없이 유체 내의 밀도차에 의해 발생하는 부력으로 생성되는 자연대류(자유대류라고도 함)가 있다. 이들 두 대류의 구조는 다르기 때문에 양자의 열전달율은 다른 법칙으로 지배된다.

또 열전달율은 흐름의 상태가 층류인지 난류인지에 따라 달라진다. 층류에서 유선에 직각방향으로의 열의 수송은 분자확산, 즉 열전도만으로 일어난다. 한편 난류에서는 열전도 외에 불규칙하게 일어나는 와류(wake)에 의해서도 흐름과 직각방향으로 열이 전달된다. 더욱 흐름의 난동이 큰 영역에서는 이 와류확산에 의해 전달되는 양이 분자확산에 의한 양보다 훨씬 커진다. 단, 벽면으로부터 떨어진 부분에서는 흐름이 난류가 되어 있어도 벽면에 접한 부분에는 통상 점성저층이 존재하고, 이 부분에서는 열전도만에 의해 열이 전달된다(3.3.1절 참조). 이러한 결과로 난류에서의 전열량, 즉 열전달율은 층류에서의 열전달율보다 몇 배나 더 커지게 된다.

이와 같이 흐름이 층류인지 난류인지에 따라 열전달은 크게 영향을 받기 때문에 열전달율을 예측하는 경우에는 이것을 잘 구분한 후에 그에 대응하는 식을 이용하여야만 한다.

예제 3.1

가열된 평판을 따라 온도 10℃의 공기가 흐르고 있다. 평판의 선단에서 어떤 거리의 위치에서 평판에 수직방향의 공기온도 T[℃]의 분포가 평판 가까이에서 다음 식으로 나타나는 것을 알았다.

$$T = 70 - 4.7 \times 10^4 y + 4.5 \times 10^9 y^3$$

여기서 y는 평판 표면에서 수직방향의 거리[m]이다. 이 점에서 국소열전달율 α_x[W/(m² · K)]의 값을 구하시오.

풀이

주어진 온도분포 식으로부터

$$\frac{dT}{dy} = -4.7 \times 10^4 + 3 \times 4.5 \times 10^9 y^2$$

$$q_x = -\lambda \left(\frac{dT}{dy} \right)_{y=0} = \lambda \times 4.7 \times 10^4$$

평판 표면의 온도는 주어진 온도분포 식에서 $y = 0$의 값이기 때문에 $T_{wx} = 70$℃. 이 온도에서 공기의 열전도율 λ의 값은 〈표 3.4〉로부터 $\lambda = 29.36 \times 10^{-3}\,\mathrm{W/(m^2 \cdot K)}$이다.

$$\therefore\ q_x = 29.36 \times 10^{-3} \times 4.7 \times 10^4 = 1.38 \times 10^3\,\mathrm{W/m^2}$$

$$\alpha_x = \frac{q_x}{T_{wx} - T_b} = \frac{1.38 \times 10^3}{70 - 10} = 23\,\mathrm{W/(m^2 \cdot K)}$$

3.2 대류전열의 이론

3.2.1 기초방정식

대류전열은 유체의 운동에 따른 전열현상이다. 이 경우 전열에 직접 관여하는 것은 고체표면 부근의 경계층(속도경계층, 온도경계층)의 영역이다(3.3.1절 참조). 경계층 내의 유체 온도분포를 알면 앞에서 설명한 것과 같이 열전달율을 구할 수 있다. 이 온도분포는 이론적으로는 경계층 내의 미소체적요소에 관한 열수지로부터 얻어지는 에너지방정식을 풀면 구할 수가 있다. 단, 유체의 온도분포는 유체운동의 영향을 받기 때문에 에너지방정식에는 유체의 속도가 포함되어 있다. 따라서 속도분포를 구하기 위해서는 경계층에 관한 연속방정식과 운동방정식도 같이 풀 필요가 있다.

한 예로 물성치가 일정한 유체의 평판을 따라 흐르는 정상류 2차원 강제대류 층류경계층의 경우를 생각하여 보자.

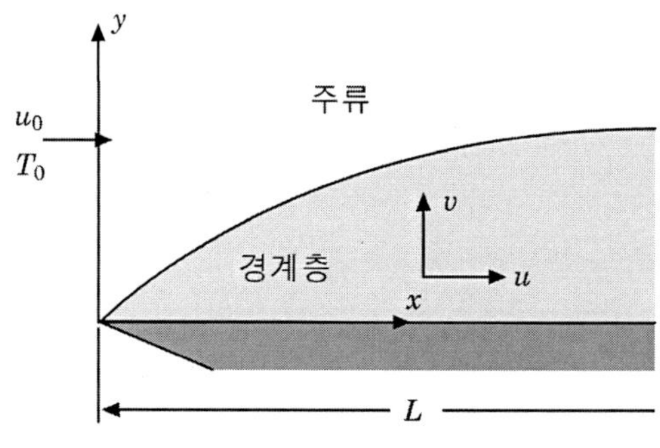

〈그림 3.1〉 평판에 따른 경계층 흐름

〈그림 3.1〉에 나타내는 것과 같이 좌표 x와 y를 잡고, x, y 점에서 x방향과 y방향의 속도성분을 각각 u 및 v라고 한다. 접근하는 속도와 온도는 u_0와 T_0이고, 이들은 주류의 속도와 온도이기도 하다. 이 경우 경계층 내의 흐름에 관한 연속방정식과 운동방정식은 다음과 같이 나타낼 수 있다. 이들의 식은 각각 경계층 내의 미소체적요소에 관한 유체의 질량 및 운동량의 수지를 고려하면 얻을 수 있다. 이는 유체역학의 강의 혹은 텍스트를 참조하면 된다.

$$연속방정식 : \frac{\partial u}{\partial x} + \frac{\partial v}{\partial y} = 0 \tag{3.8}$$

$$운동방정식 : u\frac{\partial u}{\partial x} + v\frac{\partial v}{\partial y} = \nu\frac{\partial^2 u}{\partial y^2} \tag{3.9}$$

여기서, ν : 유체의 동점성계수[m^2/s]

경계층에서 에너지방정식은 다음과 같이 유도된다. 단, 점성에 의한 발열은 무시한다. 또 유체 내에서 x방향의 온도공배 $\partial T/\partial x$는 일반적으로 대단히 작기 때문에 x방향의 열전도도 무시한다. 유체 내에서 가상한 어떤 미소체적요소($dx \times dy \times 1$)로 출입하는 열량을 생각하면, 〈그림 3.2〉와 같이 된다.

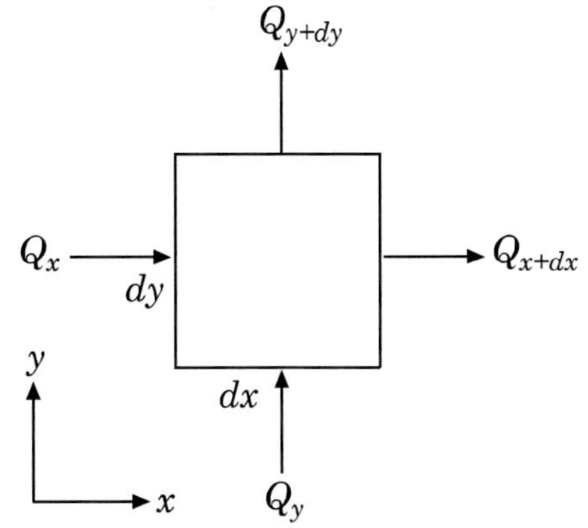

〈그림 3.2〉 경계층 내 미소체적요소로의 열출입

그림 중 Q_x, Q_y, Q_{x+dx} 및 Q_{y+dy}는 각각 다음과 같이 나타낼 수 있다.

$$Q_x = \rho uh\,dy \tag{3.10}$$

$$Q_y = -\lambda\frac{\partial T}{\partial y}dx + \rho vh\,dx \tag{3.11}$$

$$Q_{x+dx} = Q_x + \frac{\partial Q_x}{\partial x}dx = \rho uh\,dy + \rho\frac{\partial(uh)}{\partial x}dxdy \tag{3.12}$$

$$\begin{aligned} Q_{y+dy} &= Q_y + \frac{\partial Q_y}{\partial y}dy \\ &= -\lambda\frac{\partial T}{\partial y}dx - \lambda\frac{\partial^2 T}{\partial y^2}dydx + \rho vh\,dx + \rho\frac{\partial(vh)}{\partial y}dydx \end{aligned} \tag{3.13}$$

여기서, T : 점 x, y에서 유체의 온도[K 또는 ℃]

h : 점 x, y에서 유체의 비엔탈피[J/kg]

ρ : 유체의 밀도[kg/m^3]

λ : 유체의 열전도율[W/(m · K)]

정상상태에서 미소체적요소에 관한 열수지는,

$$Q_x + Q_y = Q_{x+dx} + Q_{y+dy} \tag{3.14}$$

위의 식에 식 (3.10)~식 (3.13)을 대입하여 정리하면,

$$\rho u \frac{\partial h}{\partial x} + \rho v \frac{\partial h}{\partial y} = \lambda \frac{\partial^2 T}{\partial y^2} \tag{3.15}$$

압력의 변화는 무시할 수 있기 때문에, $dh = c_p \, dT$

여기서, c_p : 유체의 정압비열[J/(kg · K)]

따라서 경계층의 에너지방정식은,

$$u \frac{\partial T}{\partial x} + v \frac{\partial T}{\partial y} = a \frac{\partial^2 T}{\partial y^2} \tag{3.16}$$

여기서, $a = \dfrac{\lambda}{c_p \, \rho}$: 유체의 온도전도율[m^2/s]

식 (3.8), 식 (3.9), 식 (3.16)의 경계조건으로는, 예를 들면

$$\left.\begin{aligned} &x = 0 \ ; \ u = u_0, \ T = T_0 \\ &y = 0 \ ; \ u = 0, \ v = 0, \ T = T_w \\ &y = \infty \ ; \ u = u_0, \ T = T_0 \end{aligned}\right\} \tag{3.17}$$

이 기초방정식의 해로서 유체의 온도분포 $T(x, y)$가 구해지면 식 (3.2)로부터 q_x가, 식 (3.3) 및 식 (3.6) 또는 식 (3.7)로부터 α_x 및 α가 구해진다([예제 3.7] 참조).

단, 실제 대류전열의 현상에 대응한 이론해(수치해를 포함)를 얻기가 곤란한 경우가 많다. 따라서 그와 같은 경우에는 실험을 수행하여 여러 가지 조건에서의 열전달율을 측정하고, 다음 3.2.2절에서 서술하는 상사칙을 이용하여 실험데이터를 잘 표현하는 무차원의 식을 구한다(3.3절 이후에서 표시하고 있는 열전달율의 예측식 대부분은 이와 같이 하여 얻어진 것이다).

예제 3.2

물성치가 일정한 유체가 원관 내를 흐르고 있을 경우, 에너지방정식은 다음 식 (3.18)로 되는 것을 나타내시오. 단, 흐름은 충분히 발달한 층류이고 점성에 의한 발열은 무시된다. x는 관축방향의 좌표, r은 관중심에서 반경방향 좌표, u는 x방향의 속도이다.

$$u\frac{\partial T}{\partial x}= a\left[\frac{1}{r}\frac{\partial}{\partial r}\left(r\frac{\partial T}{\partial r}\right)\right] \tag{3.18}$$

풀이

〈그림 3.3〉에 표시한 것과 같이 유체 중에 원환형태의 미소체적요소를 잡고 이에 관한 열량수지를 생각한다. 완전하게 발달한 층류이기 때문에 반경방향의 속도 $v = 0$이다. 또 유체 중의 관축방향의 온도공배 $\partial T/\partial x$는 일반적으로 대단히 작기 때문에 관축방향의 열전도는 무시한다. 이들을 고려하면

$$Q_x = \rho u h 2\pi r\, dr$$

$$Q_{x+dx} = \rho u\left(h + \frac{\partial h}{\partial x}dx\right)2\pi r\, dr$$

$$Q_r = -\lambda\frac{\partial T}{\partial r}2\pi r\, dx$$

$$Q_{r+dr} = -\lambda\left[\frac{\partial T}{\partial r}2\pi r + \frac{\partial}{\partial r}\left(\frac{\partial T}{\partial r}2\pi r\right)dr\right]dx$$

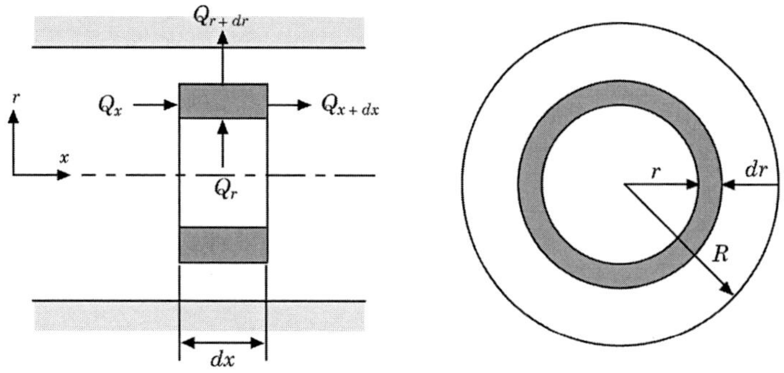

〈그림 3.3〉 원관 내의 흐름에서 미소체적요소

정상상태에서 미소체적요소에 관한 열수지는,

$$Q_x + Q_r = Q_{x+dx} + Q_{r+dr}$$

$$\therefore \ \rho u \frac{\partial h}{\partial x} = \lambda \frac{1}{r} \frac{\partial}{\partial r}\left(r \frac{\partial T}{\partial r} \right)$$

압력의 변화는 무시되기 때문에 $dh = c_p dT$

이것을 위의 식에 대입하여 정리하면 식 (3.18)이 구해진다.

3.2.2 대류전열의 상사칙

점성유체의 흐름 특성은 잘 알려져 있는 것과 같이 무차원의 Reynolds수에 관계하고 있지만 대류에 의해서 열이 전달되는 경우는 다음과 같은 무차원 특성수가 관계하고 있다.

Nusselt수 $Nu = \dfrac{\alpha L}{\lambda}$ (3.19)

Reynolds수 $Re = \dfrac{u_0 L}{\nu}$ (3.20)

Prandtl수 $Pr = \dfrac{\nu}{a}$ (3.21)

Peclet수 $Pe = \dfrac{u_0 L}{a} = Re \cdot Pr$ (3.22)

Grashof수 $Gr = \dfrac{L^3 \, g \, \beta (T_w - T_\infty)}{\nu^2}$ (3.23)

여기서, L : 대표길이[m]

α : 열전달율[W/(m^2 · K)]

λ : 유체의 열전도율[W/(m · K)]

u_0 : 대표속도[m/s]

ν : 유체의 동점성계수[m^2/s]

a : 유체의 온도전도율[m^2/s]

β : 유체의 체적팽창계수[K^{-1}]

g : 중력가속도[m/s^2]

T_w : 전열면의 온도[K 또는 ℃]

T_∞ : 전열면에서 충분히 떨어진 점의 유체온도[K 또는 ℃]

예로써 앞에서 기초방정식에 대해서 설명한 평판을 따라 흐르는 강제대류 층류의 열전달을 생각해 보자(〈그림 3.1〉 참조). 단, 평판은 일정한 온도 T_w로 유지되고 있다고 한다.

변수를 다음과 같이 무차원화한다.

$$X = \frac{x}{L}, \quad Y = \frac{y}{L}, \quad U = \frac{u}{u_0}, \quad V = \frac{v}{u_0}, \quad \Theta = \frac{T - T_w}{T_0 - T_w} \tag{3.24}$$

이때, 식 (3.8), 식 (3.9) 및 식 (3.16)은 각각 다음과 같이 된다.

$$\frac{\partial U}{\partial X} + \frac{\partial V}{\partial Y} = 0 \tag{3.25}$$

$$U\frac{\partial U}{\partial X} + V\frac{\partial V}{\partial Y} = \frac{\nu}{u_0 L}\frac{\partial^2 U}{\partial Y^2} \tag{3.26}$$

$$U\frac{\partial \Theta}{\partial X} + V\frac{\partial \Theta}{\partial Y} = \frac{a}{u_0 L}\frac{\partial^2 \Theta}{\partial Y^2} \tag{3.27}$$

여기서, $\nu/(u_0 L) = 1/Re$, $a/(u_0 L) = 1/(Re \cdot Pr)$이다. 따라서 이 방정식 계의 해, U, V 및 Θ는 다음과 같은 변수의 관수로 나타낼 수 있다.

$$U = \frac{u}{u_0} = \varphi_1(X,\ Y,\ Re) \tag{3.28}$$

$$V = \frac{v}{u_0} = \varphi_2(X,\ Y,\ Re) \tag{3.29}$$

$$\Theta = \frac{T - T_w}{T_0 - T_w} = \varphi_3(X,\ Y,\ Re,\ Pr) \tag{3.30}$$

식 (3.28)~식 (3.30)에서, 길이 L이 다른 두 평판을 따라 흐르는 흐름에서, 양쪽의 Re 및 Pr의 값이 같다고 하면, 같은 X점에서 $U(Y)$, $V(Y)$, $\Theta(Y)$는 양쪽에서 같다. 즉 양쪽의 속도분포 및 온도분포는 상사가 되는 것을 알 수 있다.

더욱 식 (3.2)와 식 (3.3)으로부터,

$$q_x = \alpha_x(T_w - T_0) = -\lambda\left(\frac{\partial T}{\partial y}\right)_{y=0} = \frac{\lambda}{L}(T_w - T_0)\left(\frac{\partial \Theta}{\partial Y}\right)_{Y=0} \tag{3.31}$$

따라서,

$$\alpha_x = \frac{\lambda}{L}\left(\frac{\partial \Theta}{\partial Y}\right)_{Y=0} \tag{3.32}$$

이로부터 국소 Nusselt수 Nu_x는 다음과 같이 X, Re 및 Pr만의 관수가 된다.

$$Nu_x = \frac{\alpha_x x}{\lambda} = X\left(\frac{\partial \Theta}{\partial Y}\right)_{Y=0} = F_1(X,\ Re,\ Pr) \tag{3.33}$$

여기서 평판 표면온도는 일정하기 때문에 식 (3.7)과 식 (3.32)를 이용하여 평균 Nusselt수 Nu는 다음과 같은 Nu, Re 및 Pr만의 관수가 된다.

$$Nu = \frac{\alpha L}{\lambda} = \frac{L}{\lambda}\int_0^1 \alpha_x\, dx = \int_0^1 \left(\frac{\partial \Theta}{\partial Y}\right)_{Y=0} dX = f_1(Re,\ Pr) \tag{3.34}$$

이러한 관계는 평판을 따라 흐르는 흐름에 한정되지 않고 일반의 강제대류인 경우에도 성립된다. 즉,

강제대류의 경우 $Nu = f_1(Re, Pr)$ (3.35)

자연대류의 예로써, 일정한 온도인 수직 가열평판에서의 자연대류 열전달을 생각한다(3.4.2절 참조). 이 경우 경계층에서 연속방정식과 에너지방정식은 각각 식 (3.8) 및 식 (3.16)과 같지만 운동방정식은 다음과 같다.

$$u\frac{\partial u}{\partial x} + v\frac{\partial u}{\partial y} = g\,\beta(T - T_0) + \nu\frac{\partial^2 u}{\partial y^2} \tag{3.36}$$

이 식을 앞에서와 같이 식 (3.24)를 이용하여 무차원화하면,

$$U\frac{\partial U}{\partial X} + V\frac{\partial U}{\partial Y} = \frac{L\,g\,\beta(T_w - T_0)}{u_0^2}(1 - \Theta) + \frac{\nu}{u_0 L}\frac{\partial^2 U}{\partial Y^2} \tag{3.37}$$

여기서,

$$\frac{L\,g\,\beta(T_w - T_0)}{u_0^2} = \frac{L^3\,g\,\beta(T_w - T_0)}{\nu^2}\left(\frac{\nu}{u_0 L}\right)^2 = Gr/Re^2 \tag{3.38}$$

무차원화한 연속방정식과 에너지방정식은 각각 식 (3.25) 및 식 (3.27)과 같다. 따라서,

$$\Theta = \Psi(X,\ Y,\ Re,\ Pr,\ Gr) \tag{3.39}$$

$$\therefore\ Nu = f_2(Gr,\ Pr,\ Re) \tag{3.40}$$

단, 자연대류의 경우 일반적으로 Reynolds수의 영향은 무시할 수 있다. 이 관계는 평판의 경우에 한정되지 않고 일반적인 자연대류의 경우에도 성립한다. 즉,

자연대류의 경우 $Nu = f_2(Gr, Pr)$ (3.41)

식 (3.35) 와 식 (3.41)의 관수 f_1, f_2의 형태는 흐름의 경계 형상이나 조건, 층류인지 난류인지

등에 따라서 달라진다. 이들의 관수 형태는 상사칙으로는 구해지지 않는다. 이론적으로 구하는 경우도 있지만 대부분의 경우 앞에서 설명한 것과 같이 실험에 의해 결정된다.

이상과 같이 설명한 무차원 특성수에서도 알 수 있는 것과 같이 대류전열은 유체의 물성치에 관계하고 있다. 대표적 유체인 물, 수증기, 및 공기의 물성치를 〈표 3.1〉~〈표 3.4〉에 나타낸다.

〈표 3.1〉 물의 물성치

	압력 P MPa	온도 T ℃	밀도 ρ kg/m³	정압비열 c_p J/(kg·K)	점성계수 μ Pa·s	동점성계수 ν m²/s	열전도율 λ W/(m·K)	온도전도율 a m²/s	Pr수 Pr	체적팽창계수 β 1/K	표면장력 σ N/m	증발잠열 Δh_v J/kg
압축수				$\times10^3$	$\times10^{-3}$	$\times10^{-6}$		$\times10^{-6}$		$\times10^{-3}$		
	0.101	0	999.8	4.22	1.792	1.792	0.562	0.1333	13.44	−0.06	0.0757	
	0.101	10	999.8	4.20	1.310	1.310	0.581	0.1386	9.45	+0.09	0.0743	
	0.101	20	998.3	4.18	1.009	1.011	0.599	0.1435	7.05	0.20	0.0728	
	0.101	30	995.7	4.18	0.800	0.804	0.615	0.1478	5.44	0.29	0.0713	
	0.101	40	992.3	4.18	0.658	0.663	0.628	0.1514	4.38	0.38	0.0696	
	0.101	50	988.0	4.18	0.547	0.554	0.641	0.1552	3.57	0.45	0.0680	
	0.101	60	983.2	4.19	0.471	0.479	0.650	0.1580	3.03	0.54	0.0663	
	0.101	70	977.7	4.19	0.407	0.416	0.659	0.1609	2.59	0.59	0.0645	
	0.101	80	971.6	4.20	0.353	0.363	0.667	0.1636	2.22	0.65	0.0627	
	0.101	90	965.2	4.21	0.315	0.326	0.672	0.1656	1.97	0.72	0.0609	
포화수				$\times10^3$	$\times10^{-3}$	$\times10^{-6}$		$\times10^{-6}$		$\times10^{-3}$		$\times10^6$
	0.101	100	958.1	4.22	0.2822	0.2945	0.678	0.1677	1.756	0.78	0.0589	2.257
	0.199	120	942.8	4.25	0.2321	0.2461	0.683	0.1707	1.442	0.91	0.0550	2.202
	0.361	140	925.9	4.29	0.1961	0.2118	0.685	0.1725	1.228	1.05	0.0509	2.144
	0.618	160	907.3	4.34	0.1695	0.1869	0.682	0.1731	1.079	1.20	0.0466	2.081
	1.000	180	886.9	4.41	0.1493	0.1684	0.675	0.1725	0.976	1.37	0.0422	2.013
	1.550	200	864.7	4.50	0.1336	0.1545	0.663	0.1706	0.906	1.55	0.0377	1.939
	2.320	220	840.4	4.61	0.1210	0.1439	0.648	0.1672	0.861	1.80	0.0331	1.856
	3.350	240	813.6	4.77	0.1105	0.1358	0.629	0.1621	0.837		0.0284	1.765
	4.690	260	783.9	4.98	0.1015	0.1295	0.606	0.1551	0.835		0.0237	1.662
	6.420	280	750.5	5.29	0.0934	0.1245	0.578	0.1456	0.855		0.0190	1.544
	8.590	300	712.2	5.76	0.0858	0.1205	0.545	0.1328	0.907		0.0144	1.406
	11.290	320	666.9	6.57	0.0783	0.1174	0.506	0.1156	1.015		0.0099	1.241
	14.610	340	610.2	8.23	0.0702	0.1151	0.461	0.0918	1.254		0.0056	1.031
	18.680	360	527.5	14.58	0.0601	0.1140	0.412	0.0535	2.218		0.0019	0.721

〈표 3.2〉 수증기의 물성치(1/2)

	압력 P MPa	온도 T ℃	밀도 ρ kg/m³	정압비열 c_p J/(kg·K)	점성계수 μ Pa·s	동점성계수 ν m²/s	열전도율 λ W/(m·K)	온도전도율 a m²/s	Pr수 Pr
건포화증기				$\times 10^{3}$	$\times 10^{-6}$	$\times 10^{-6}$	$\times 10^{-3}$	$\times 10^{-6}$	
	0.101	100	0.5977	2.028	12.28	20.5400	24.79	20.4500	1.004
	0.199	120	1.1218	2.120	12.97	11.5600	26.96	11.3400	1.020
	0.361	140	1.9666	2.241	13.67	6.9500	29.42	6.6760	1.041
	0.618	160	3.2599	2.398	14.37	4.4080	32.22	4.1220	1.069
	1.000	180	5.1600	2.596	15.07	2.9210	35.42	2.6440	1.105
	1.550	200	7.8640	2.843	15.78	2.0060	39.10	1.7490	1.147
	2.320	220	11.6230	3.150	16.49	1.4190	43.35	1.1840	1.198
	3.350	240	16.7630	3.536	17.22	1.0270	48.34	0.8160	1.260
	4.690	260	23.7340	4.050	17.98	0.7570	54.30	0.5650	1.339
	6.420	280	33.1940	4.770	18.80	0.5660	61.80	0.3907	1.450
	8.590	300	46.1900	5.860	19.74	0.4270	71.80	0.2651	1.612
	11.290	320	64.4000	7.720	20.89	0.3234	86.30	0.1731	1.868
	14.610	340	92.7600	12.210	22.52	0.2428	111.80	0.0988	2.460
	18.680	360	144.1000	25.120	25.56	0.1773	176.80	0.0488	3.630
과열증기				$\times 10^{3}$	$\times 10^{-6}$	$\times 10^{-6}$	$\times 10^{-3}$	$\times 10^{-6}$	
	0.101	150	0.5213	1.987	14.19	27.220	28.80	27.80	0.979
	0.101	200	0.4646	1.979	16.18	34.820	33.40	36.30	0.960
	0.101	250	0.4194	1.990	18.22	43.440	38.30	45.90	0.947
	0.101	300	0.3755	2.010	20.29	54.030	43.50	57.60	0.938
	0.101	350	0.3515	2.037	22.37	63.640	49.00	68.40	0.930
				$\times 10^{3}$	$\times 10^{-6}$	$\times 10^{-6}$	$\times 10^{-3}$	$\times 10^{-6}$	
	1.000	200	4.8570	2.446	15.93	3.281	36.10	3.04	1.081
	1.000	250	4.2970	2.236	18.07	4.206	39.70	4.13	1.017
	1.000	300	3.8760	2.145	20.20	5.211	44.50	5.35	0.974
	1.000	350	3.5410	2.118	22.32	6.303	49.80	6.64	0.949
	1.000	400	3.2630	2.120	24.42	7.486	55.40	8.01	0.934

〈표 3.3〉 수증기의 물성치(2/2)

	압력 P MPa	온도 T ℃	밀도 ρ kg/m³	정압비열 c_p J/(kg·K)	점성계수 μ Pa·s	동점성계수 ν m²/s	열전도율 λ W/(m·K)	온도전도율 a m²/s	Pr수 Pr
과열증기				$\times10^{3}$	$\times10^{-6}$	$\times10^{-6}$	$\times10^{-3}$	$\times10^{-6}$	
	5.0	300	22.08	3.234	19.86	0.8998	53.0	0.7430	1.211
	5.0	350	19.25	2.681	22.16	1.1510	55.2	1.0710	1.073
	5.0	400	17.30	2.441	24.38	1.4090	59.5	1.4090	1.000
	5.0	450	15.81	2.345	26.55	1.6790	64.8	1.7480	0.960
	5.0	500	14.60	2.310	28.67	1.9640	70.6	2.0940	0.938
				$\times10^{3}$	$\times10^{-6}$	$\times10^{-6}$	$\times10^{-3}$	$\times10^{-6}$	
	10.0	350	44.60	4.103	22.18	0.4974	68.6	0.3770	1.313
	10.0	400	37.86	3.086	24.49	0.6467	67.3	0.5760	1.123
	10.0	450	33.62	2.718	26.72	0.7948	70.6	0.7730	1.028
	10.0	500	30.53	2.547	28.90	0.9466	75.3	0.9690	0.977
	10.0	550	28.09	2.474	31.01	1.1040	80.8	1.1630	0.949
				$\times10^{3}$	$\times10^{-6}$	$\times10^{-6}$	$\times10^{-3}$	$\times10^{-6}$	
	15.0	350	87.26	8.540	22.91	0.2626	104.2	0.1398	1.878
	15.0	400	63.86	4.168	24.91	0.3901	80.0	0.3010	1.298
	15.0	450	54.20	3.237	27.10	0.5001	78.5	0.4480	1.114
	15.0	500	48.08	2.854	29.27	0.6086	81.4	0.5930	1.026
	15.0	550	43.65	2.678	31.39	0.7190	85.9	0.7350	0.978
				$\times10^{3}$	$\times10^{-6}$	$\times10^{-6}$	$\times10^{-3}$	$\times10^{-6}$	
	20.0	400	100.53	6.476	25.960	0.2583	103.4	0.1588	1.626
	20.0	450	78.68	3.967	27.770	0.3529	89.8	0.2890	1.219
	20.0	500	67.70	3.238	29.820	0.4405	89.1	0.4070	1.083
	20.0	550	60.42	2.922	31.890	0.5277	91.9	0.5210	1.012
	20.0	600	55.07	2.758	33.900	0.6160	96.2	0.6330	0.972

〈표 3.4〉 대기압(0.101MPa)에서 공기의 물성치

온도 T ℃	밀도 ρ kg/m^3	정압비열 c_p $J/(kg \cdot K)$	점성계수 μ $Pa \cdot s$	동점성계수 ν m^2/s	열전도율 λ $W/(m \cdot K)$	온도전도율 a m^2/s	Pr수 Pr
		$\times 10^3$	$\times 10^{-6}$	$\times 10^{-6}$	$\times 10^{-3}$	$\times 10^{-6}$	
0	1.292	1.006	17.24	13.34	24.21	18.61	0.717
20	1.204	1.007	18.23	15.14	25.72	21.24	0.713
40	1.127	1.008	19.19	17.03	27.20	23.98	0.710
60	1.059	1.009	20.13	19.01	28.65	26.84	0.708
80	0.9991	1.010	21.04	21.06	30.06	29.82	0.706
100	0.9469	1.012	21.94	23.17	31.45	32.90	0.705
120	0.8972	1.014	22.81	25.42	32.81	36.09	0.704
140	0.8537	1.016	23.65	27.70	34.15	39.37	0.704
160	0.8155	1.019	24.48	30.02	35.46	42.75	0.703
180	0.7783	1.022	25.29	32.49	36.76	46.21	0.703
200	0.7454	1.026	26.09	35.00	38.03	49.76	0.703
220	0.7151	1.029	26.87	37.58	39.28	53.39	0.704
240	0.6872	1.033	27.64	40.22	40.53	57.09	0.705
260	0.6615	1.037	28.39	42.92	41.75	60.86	0.705
280	0.6375	1.042	29.13	45.69	42.96	64.70	0.706
300	0.6153	1.046	29.86	48.53	44.15	68.62	0.707
350	0.5659	1.058	31.63	55.89	47.07	78.74	0.710
400	0.5239	1.070	33.35	63.66	49.94	89.23	0.713
450	0.4877	1.082	35.00	71.77	52.75	100.10	0.717
500	0.4561	1.093	36.62	80.29	55.52	111.40	0.721
600	0.4039	1.116	39.70	98.29	60.93	135.40	0.726
700	0.3624	1.137	42.65	117.70	66.22	161.00	0.731
800	0.3286	1.155	45.47	138.40	71.42	188.30	0.735
1000	0.2770	1.185	50.81	183.40	81.61	248.70	0.737
1200	0.2394	1.209	55.82	233.20	91.62	316.70	0.736

3.3 강제대류 열전달

3.3.1 경계층과 열전달

고체벽과 접하여 유체가 흐르고 있을 때는 고체벽면 상에 경계층이 형성된다. 이 경계층과 열전달의 관계에 대하여 평판을 따라 흐르는 흐름을 예로 들어 다음과 같이 생각해 본다.

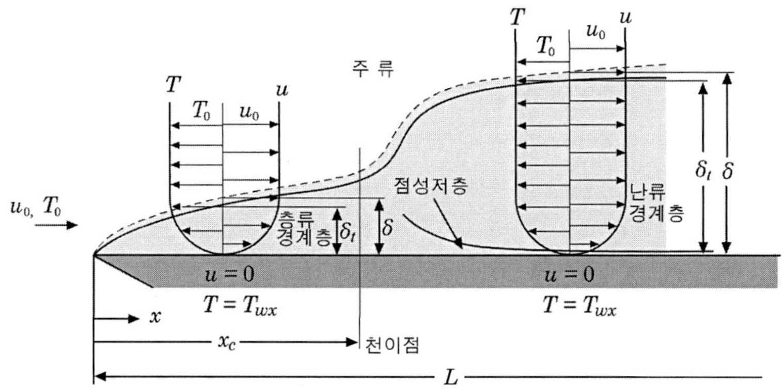

〈그림 3.4〉 평판을 따라 흐르는 흐름의 경계층

〈그림 3.4〉에 나타내는 것과 같이 일정한 속도 u_0의 흐름에 평판이 평행하게 놓여 있을 경우, 점성 때문에 속도가 u_0보다 느린 층이 평판 근처에 형성된다. 이 층을 경계층(속도경계층, velocity boundary layer)이라 하고, 경계층 바깥 흐름의 주요부는 주류라고 한다. 속도경계층 내에서 속도는 벽면의 영(0)에서 주류의 속도 u_0까지 연속적으로 변한다. 이 경계층의 두께는 평판의 전연에서 영(0)이고, 평판을 따라서 점차 두꺼워진다(이를 '경계층이 발달'한다고 말한다). 경계층 내의 흐름은 처음에는 층류이지만 어떤 거리 x_c만큼 진행함에 따라 평판에 접하여 극히 얇은 층(점성저층)을 제외하고 난류가 된다. 이 천이가 발생하는 임계 Reynolds수 Re_c는 주류의 섭동 크기나 전연의 형태 등에 따라 다르지만 일반적으로 다음과 같다.

$$Re_c = \frac{u_0 x_c}{\nu} \simeq 5 \times 10^5 \qquad (3.42)$$

속도경계층의 두께 δ는

$$\text{층류경계층에서는,}\quad \frac{\delta}{x} \sim {Re_x}^{-0.5} \tag{3.43}$$

$$\text{난류경계층에서는,}\quad \frac{\delta}{x} \sim {Re_x}^{-0.2} \tag{3.44}$$

의 관계에 따라 변화한다. 여기서, $Re_x = u_0 x/\nu$.

유체의 주류온도 T_0와 평판 표면온도 T_{wx}의 사이에 온도차가 있어서 열전달이 발생하고 있는 경우에는, 온도가 T_0에서 T_{wx}까지 연속적으로 변하고 있는 층이 평판 근처에 존재한다. 이것을 온도경계층(thermal boundary layer)이라고 부른다. 이 층도 속도경계층과 마찬가지로 전연(열전달 시작점)으로부터 평판을 따라서 발달한다.

층류경계층의 경우, 온도경계층의 두께 δ_t와 속도경계층의 두께 δ 사이에는 다음의 식 (3.45)의 관계가 있고, Prandtl수 $Pr = 1$일 때 $\delta_t = \delta$이지만, $Pr > 1$에서는 $\delta_t < \delta$, $Pr < 1$에서는 $\delta_t > \delta$이다.

$$\frac{\delta_t}{\delta} \sim Pr^{-1/3} \tag{3.45}$$

위에서 설명한 것과 같이 온도경계층 내에서 온도가 T_0에서 T_{wx}로 변화하고 있다는 것은 고체벽과 유체 사이의 열전달저항은 온도경계층에 존재하고 있다는 것이고, 온도경계층이 두꺼울수록 열저항이 커진다. 즉, 층류경계층의 경우에는 국소열전달율 α_x는

$$\frac{1}{\alpha_x} \sim \delta_t \tag{3.46}$$

따라서 식 (3.46) 및 식 (3.43)과 식 (3.45)로부터

$$\frac{1}{\alpha_x x} \sim {Re_x}^{-0.5} Pr^{-1/3} \tag{3.47}$$

난류경계층의 경우에는 경계층 내의 섭동의 크기가 열전달에 큰 영향을 미치기 때문에 $1/\alpha_x$이 δ_t가 비례한다는 단순한 관계로는 설명되지 않는다. 이 경우에는 섭동이 없는 점성저층이

열저항의 대부분을 차지하기 때문에 이 층의 두께가 특히 문제가 된다.

대류전열의 촉진

이상으로부터 대류전열을 촉진하기 위해서는 경계층(난류의 경우에는 특히 점성저층)을 가능한 한 얇게 하면 좋다는 것을 알 수가 있다. 이를 위해서는 유속을 크게 하거나, 섭동을 크게 하거나(유속을 크게 하면 일반적으로 섭동은 커지고, 그 외에도 면에 요철을 부치거나 하여 섭동현상을 촉진한다), 혹은 전열면을 작게 분할하여 경계층의 발달을 방지하는 방법 등이 있다(2.3.4절 참조).

3.3.2 평판을 따라 흐르는 흐름

위에서 설명한 것과 같이 평판을 따라 흐르는 흐름에서 국소열전달율 α_x 및 평균열전달율 α는 각각 다음 식으로 정의된다.

$$\alpha_x = \frac{q_x}{T_{wx} - T_0} \quad [\mathrm{W/(m^2 \cdot K)}] \tag{3.48}$$

$$\alpha = \frac{q}{T_w - T_0} \quad [\mathrm{W/(m^2 \cdot K)}] \tag{3.49}$$

여기서, T_w : 평판 표면의 평균온도[K 또는 ℃]

이들의 열전달율은 이하의 예측식에서 산출할 수 있다.

$$Re_x = \frac{u_0 x}{\nu}, \quad Re = \frac{u_0 L}{\nu}, \quad Re_c = \frac{u_0 x_c}{\nu} \tag{3.50}$$

단, 이들의 식에서 L은 평판 길이[m]이다. 물성치는 다음의 막온도(film temperature) T_{fx} 또는 T_f에서의 값을 이용한다.

$$T_{fx} = \frac{T_0 + T_{wx}}{2}, \quad T_f = \frac{T_0 + T_w}{2} \tag{3.51}$$

(1) 층류경계층의 경우

평판 표면의 온도가 일정할 때,

$$Nu_x = \frac{\alpha_x x}{\lambda} = 0.332\,Re_x^{0.5}\,Pr^{1/3} \tag{3.52}$$

$$Nu = \frac{\alpha L}{\lambda} = 0.664\,Re^{0.5}\,Pr^{1/3} \tag{3.53}$$

평판 표면의 열유속이 일정할 때,

$$Nu_x = \frac{\alpha_x x}{\lambda} = 0.458\,Re_x^{0.5}\,Pr^{1/3} \tag{3.54}$$

(2) 난류경계층의 경우

$$Nu_x = \frac{\alpha_x x}{\lambda} = 0.0296 Re_x^{0.8}\,Pr^{1/3} \tag{3.55}$$

$$Nu = \frac{\alpha L}{\lambda} = 0.037 Re^{0.8}\,Pr^{1/3} \tag{3.56}$$

단, 평균열전달율은 평판 상의 전 영역이 난류경계층으로 되어 있는 경우이다.

(3) 층류경계층과 난류경계층이 공존하고 있는 경우

이 경우의 평균열전달율은 평판 표면의 온도가 일정할 때 다음 식으로 산출할 수 있다.

$$Nu = \frac{\alpha L}{\lambda} = \left[0.664 Re_c^{0.5} + 0.037\left(Re^{0.8} - Re_c^{0.8}\right)\right] Pr^{1/3} \tag{3.57}$$

예제 3.3

길이 200mm, 폭 100mm의 평판을 따라서 온도 20℃ 인 대기압의 공기가 8.0m/s의 속도로 흐르고 있다. 평면의 온도가 일정하게 100℃ 로 유지되고 있을 때 이 면에서의 전열량을 구하시오.

풀이

$$T_f = \frac{T_0 + T_w}{2} = \frac{20 + 100}{2} = 60℃$$

60℃ 에서 대기압인 공기의 물성치는 〈표 3.4〉로부터,

$$\nu = 19.01 \times 10^{-6}\mathrm{m^2/s},\ \lambda = 0.02865\mathrm{W/(m \cdot K)},\ Pr = 0.708$$

$$Re = \frac{u_0 L}{\nu} = \frac{8.0 \times 0.200}{19.01 \times 10^{-6}} = 8.42 \times 10^4$$

따라서 평면 상의 전체영역에서 층류경계층으로 보아도 좋다.

식 (3.53)으로부터,

$$\alpha = 0.664 \frac{\lambda}{L} Re^{0.5} Pr^{1/3}$$

$$= 0.664 \times \frac{0.02865}{0.200} \times (8.42 \times 10^4)^{0.5} \times 0.708^{1/3}$$

$$= 24.6\mathrm{W/(m^2 \cdot K)}$$

$$\therefore Q = \alpha (T_w - T_0) LB = 24.6 \times (100 - 20) \times 0.200 \times 0.100 = 39.4\mathrm{W}$$

예제 3.4

내부에서 일정하게 열을 발생하고 있는, 길이와 폭이 100mm인 얇은 금속평판이 있다. 이 평판의 한쪽 면은 단열되어 있고 다른 면은 거기에 따라서 흐르는 대기압의 공기에 의해서 냉각되고 있다. 냉각면에서 열유속은 일정하다. 평판 내의 발열량이 26.0W, 공기의 온도가 20℃, 유속이 15.0m/s일 때 평판의 최고온도는 얼마가 될 것인가?

풀이

얇은 금속평판이기 때문에 두께방향으로는 온도가 균일한 것으로 생각해도 좋다. 따라서 냉각면의 최고온도를 구하면 된다. 평판 전체면에서 층류경계층이라 하면 평판의 후연($x = L$)

에서 국소열전달율은 최소가 되기 때문에 여기서 평판 온도는 최고가 된다. 따라서 $(x = L)$ 에서 국소열전달율을 구하고, 이로부터 그 점의 평판 온도를 구하면 된다. 지금 이 온도를 $T_{wL} = 100℃$ 로 가정한다.

$$T_{fL} = \frac{T_0 + T_{wL}}{2} = \frac{20 + 100}{2} = 60℃$$

따라서 이용하여야 하는 공기의 물성치는 [예제 3.3]과 동일한 값이다.

$$Re_L = \frac{u_0 L}{\nu} = \frac{15.0 \times 0.100}{19.01 \times 10^{-6}} = 7.89 \times 10^4$$

따라서 전체면에서 층류경계층이다.

식 (3.54)로부터,

$$\begin{aligned}\alpha_L &= 0.458 \frac{\lambda}{L} Re_L^{0.5} Pr^{1/3} \\ &= 0.458 \times \frac{0.02865}{0.100} \times (7.89 \times 10^4)^{0.5} \times 0.708^{1/3} \\ &= 32.9\mathrm{W/(m^2 \cdot K)}\end{aligned}$$

$$q_L = q = \frac{Q}{LB} = \frac{2.06}{0.100^2} = 2.60 \times 10^3 \mathrm{W/m^2}$$

$$\therefore\ T_{wL} = T_0 + \frac{q_L}{\alpha_L} = 20 + \frac{2.60 \times 10^3}{32.9} = 99℃$$

이때 $T_{fL} = 59.5℃$. 이 온도에서 공기의 물성치는 처음에 이용한 60℃ 에서의 값과 동일하기 때문에 반복계산의 필요는 없고, 위의 T_{wL}의 값이 구하고자 하는 값이다.

참고

만약 평판 상의 도중에 층류경계층에서 난류경계층으로 천이하게 되면 국소열전달율은 반드시 평판의 후연에서 최소가 되지는 않는다. 이 경우에는 층류경계층의 식으로부터 구한 천이점($x = x_c$)에서 국소열전달율 α_{xc}와 난류경계층의 식으로부터 구한 후연($x = L$)에서 국소열전달율 α_L 중의 작은 쪽이 최소열전달율이다.

예제 3.5

70℃ 의 온도로 일정하게 유지되고 있는 길이 100cm, 폭 40cm의 평판을 따라서 0.101MPa, 10℃ 의 공기가 28m/s로 흐르고 있을 때 평판의 한쪽 면에서 대류에 의한 방열량을 구하시오. 단, 전연으로부터 32cm의 위치에서 경계층은 층류에서 난류로 천이하고 있다.

풀이

$$T_f = \frac{T_0 + T_w}{2} = \frac{10 + 70}{2} = 40℃$$

40℃, 0.101MPa인 공기의 물성치는, 〈표 3.4〉로부터,

$$\nu = 17.03 \times 10^{-6}\,\mathrm{m^2/s},\ \lambda = 0.02720\,\mathrm{W/(m\cdot K)},\ Pr = 0.710$$

$$Re_c = \frac{u_0 x_c}{\nu} = \frac{28 \times 0.32}{17.03 \times 10^{-6}} = 5.26 \times 10^5$$

$$Re = \frac{u_0 L}{\nu} = \frac{28 \times 1.00}{17.03 \times 10^{-6}} = 1.64 \times 10^6$$

식 (3.57)로부터,

$$Nu = [0.664(5.26 \times 10^5)^{0.5} + 0.037\{(1.64 \times 10^6)^{0.8} - (5.26 \times 10^5)^{0.8}\}] \times 0.710^{1/3}$$

$$= 2.28 \times 10^3$$

$$\therefore\ \alpha = \frac{\lambda}{L} Nu = \frac{0.02720}{1.00} \times 2.28 \times 10^3 = 62\,\mathrm{W/(m^2\cdot K)}$$

$$\therefore\ Q = \alpha(T_w - T_0)LB = 62 \times (70-10) \times 1.00 \times 0.40$$

$$= 1.49 \times 10^3\ \mathrm{W} = 1.49\,\mathrm{kW}$$

3.3.3 원주 둘레의 흐름(관외류)

(1) 흐름에 직각인 한 개의 원주(원관의 외면)

〈그림 3.5〉에 나타내는 것과 같은 원주 둘레의 흐름에서, 주류의 유속 u_∞는 접근하는 속도 u_0와 동일하지 않고 원주 둘레방향으로 변화한다. 압력도 원주 둘레방향으로 변하기 때문에 속도가 극히 작은 경우를 제외하고 일반적으로 원주의 후류 쪽에서 경계층이 박리하고 후류(wake)가 발생한다. 따라서 국소열전달율은 원주 둘레방향으로 복잡하게 변화한다.

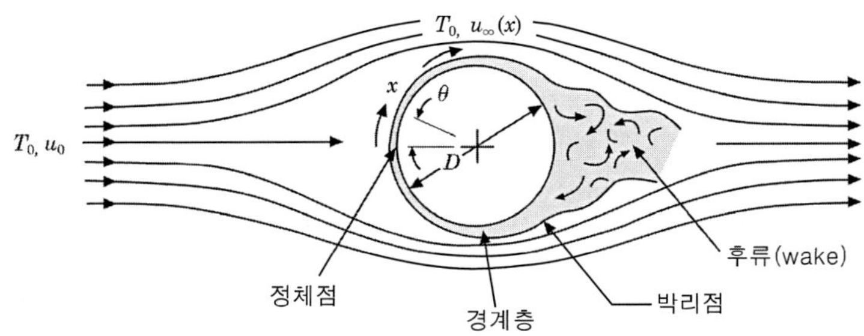

〈그림 3.5〉 원주 둘레의 흐름

이 경우 전체 둘레에 걸친 평균열전달율은 다음 식으로 산출된다[(1)].

$$Nu = \frac{\alpha D}{\lambda} = C Re^n\, Pr^{0.37} \left(\frac{Pr}{Pr_w} \right)^{0.25} \tag{3.58}$$

여기서,

$$Re = \frac{u_0 D}{\nu} \tag{3.59}$$

D : 원주(관외면)의 직경[m]

Pr_w : 원주 표면의 온도에서 Prandtl수

Pr_w 이외의 물성치는 주류온도(접근온도와 같다) T_0에서의 값을 이용한다. 계수 C와 지수 n은 Reynolds수에 따라서 다르고 그 값은 〈표 3.5〉와 같다.

〈표 3.5〉 식 (3.58)의 계수와 지수의 값

Re	C	n
$1 \sim 40$	0.75	0.4
$40 \sim 1 \times 10^3$	0.51	0.5
$1 \times 10^3 \sim 2 \times 10^5$	0.26	0.6
$2 \times 10^5 \sim 1 \times 10^6$	0.076	0.7

(2) 흐름에 직각인 원관군

관군은 통상 〈그림 3.6〉에 나타내는 것과 같이 정열배열(in-line tube bank)이나 어긋난배열(staggered tube bank) 방식으로 배열된다.

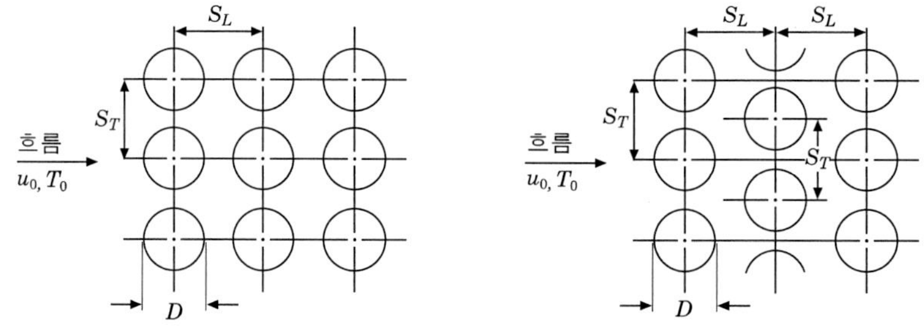

(a) 정열배열 (b) 어긋난배열

〈그림 3.6〉 관군의 배열방식

이 경우에 관군 전체의 평균열전달율 α는 다음 식으로 산출된다[1].

$$Nu = \frac{\alpha D}{\lambda} = C\,Re^n\,Pr^{0.36}\left(\frac{Pr}{Pr_w}\right)^{0.25} \tag{3.60}$$

여기서 Pr_w는 관외면의 온도에서 Prandtl수, 그 외의 물성치는 접근온도 T_0의 값을 이용한다. 계수 C와 n의 값은 〈표 3.6〉에 나타낸 것과 같다. Reynolds수의 대표속도로는 최대속도 u_{max}를 이용한다.

〈표 3.6〉 식 (3.60)의 계수와 지수의 값

배열	Re	C	n
정열배열	$1\times10^3 \sim 2\times10^5$	0.27	0.63
어긋난배열 $S_T/S_L<2$	$1\times10^3 \sim 2\times10^5$	$0.35(S_T/S_L)^{0.2}$	0.60
어긋난배열 $S_T/S_L<2$	$1\times10^3 \sim 2\times10^5$	0.40	0.60
정열배열	$2\times10^5 \sim 2\times10^6$	0.021	0.84
어긋난배열	$2\times10^5 \sim 2\times10^6$	0.022	0.84

즉,

$$Re = \frac{u_{\max} D}{\nu} \tag{3.61}$$

정열배열의 경우에는

$$u_{\max} = \frac{S_T}{S_T - D} u_0 \ \ [\mathrm{m/s}] \tag{3.62}$$

어긋난배열의 경우에는 식 (3.62)와 다음의 식 (3.63)으로 구해지는 $u_{\max}$ 중에서 큰 값을 이용하면 된다.

$$u_{\max} = \frac{S_T}{2(S - D)} u_0 \ \ [\mathrm{m/s}] \tag{3.63}$$

여기서,

$$S = \left[S_L^2 + \left(\frac{S_T}{2} \right)^2 \right]^{1/2} \ \ [\mathrm{m}] \tag{3.64}$$

식 (3.60)에서 구한 평균열전달율을 이용하여 식 (3.4)로부터 전열량 Q를 산출할 때 온도차 $T_w - T_b$의 T_b는 접근온도 T_0가 아니고, 유체의 평균온도를 이용하여야만 한다. 이 유체평균온도는 근사적으로는 관군의 입구와 출구에서 유체온도의 산술평균으로도 좋지만, 엄밀하게는 온도차 $T_w - T_b$로써 다음 식으로 나타나는 대수평균온도차(6.3절 참조)를 이용하는 것이 정확하다.

$$T_w - T_b = \frac{T_e - T_0}{\ln \dfrac{T_w - T_0}{T_w - T_e}} \quad [\mathrm{K} \text{ 또는 } ℃] \tag{3.65}$$

여기서, T_e : 관군 출구에서 유체평균온도[K 또는 ℃]

예제 3.6

40m/s의 속도로 흐르고 있는 0.101MPa, 40℃ 인 공기 흐름에 직각으로 직경 50mm의 원주가 놓여 있다. 원주의 표면온도는 160℃ 로 유지되고 있다. 원주 단위길이당 손실열량을 구하시오.

풀이

0.101MPa, 40℃ 인 공기의 물성치는 〈표 3.4〉로부터,

$$\nu = 17.03 \times 10^{-6} \mathrm{m^2/s}, \ \lambda = 0.02720 \mathrm{W/(m \cdot K)}, \ Pr = 0.710$$

160℃ 의 공기에서는 〈표 3.4〉로부터, $Pr_w = 0.703$

$$Re = \frac{u_0 D}{\nu} = \frac{40 \times 0.050}{17.03 \times 10^{-6}} = 1.17 \times 10^5$$

〈표 3.5〉로부터, $C = 0.26$, $n = 0.6$

식 (3.58)로부터,

$$\alpha = 0.26 \times \frac{0.02720}{0.050} \times (1.17 \times 10^5)^{0.6} \times 0.710^{0.37} \times \left(\frac{0.710}{0.703}\right)^{0.25}$$

$$= 137 \mathrm{W/(m^2 \cdot K)}$$

$$\therefore \ \frac{Q}{L} = \alpha(T_w - T_0)\pi D = 137 \times (160 - 40) \times \pi \times 0.050$$

$$= 2.6 \times 10^3 \mathrm{W/m} = 2.6 \mathrm{kW/m}$$

3.3.4 관내류

(1) 입구영역과 완전하게 발달한 흐름

유체가 일정한 유속으로 원 관에 유입하면 〈그림 3.7(a)〉에 나타내는 것과 같이 관 내면에 형성되는 속도경계층이 관 길이에 따라서 점차 발달하고 결국에는 그 경계층이 관 중심까지

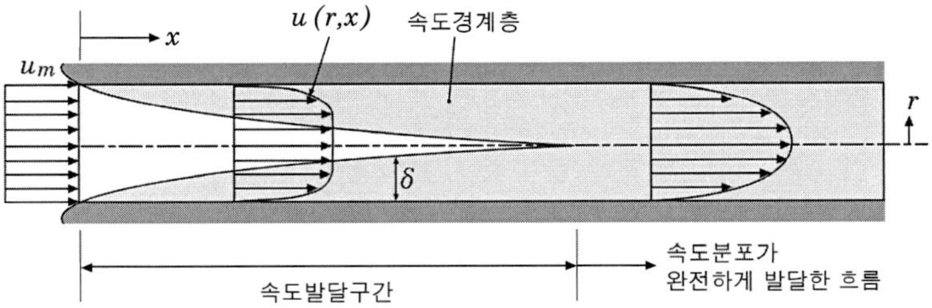

(a) 속도경계층

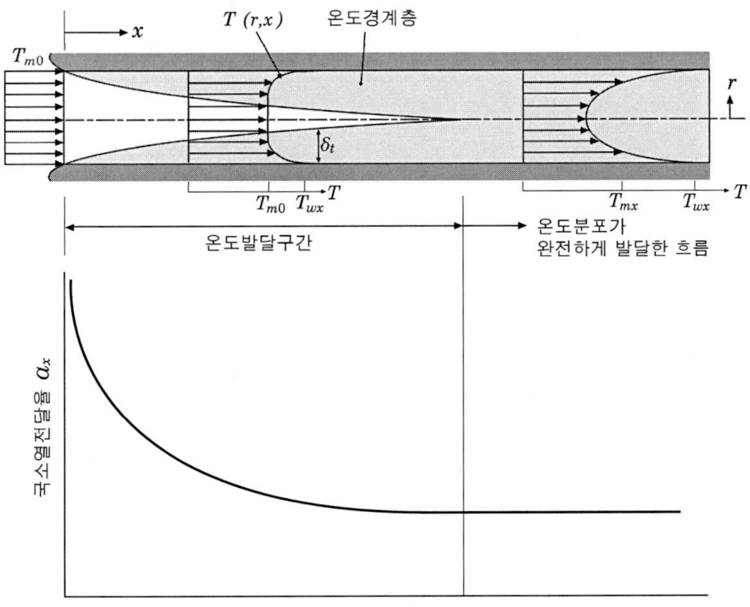

(b) 온도경계층과 국소열전달율

〈그림 3.7〉 원관 내 경계층의 발달과 국소열전달율

발달하여, 관 단면 전역이 경계층으로 된다. 이와 같이 되는 점 하류에서 속도분포 형태는 일정하게 된다. 이와 같은 속도분포를 완전하게 발달한 속도분포라고 하고, 이와 같이 되어 있는 흐름을 속도분포가 완전하게 발달한 흐름(fully developed flow)이라고 한다. 또 완전하게 발달한 흐름이 될 때까지의 구간을 속도발달구간(entrance region, 속도입구영역)이라고 한다.

관 내의 열전달(가열 또는 냉각) 시작점은 반드시 관 입구와 일치하지는 않는다. 열전달시작점에서 유체는 관 단면에서 일정한 온도이지만 〈그림 3.7(b)〉에 나타내는 것과 같이 하류로 진행됨에 따라 관 내면에서 온도경계층이 발달하고 결국에는 온도경계층이 관 중심까지 도달하게 된다. 그 이후의 온도분포는 상사형으로 유지된다. 이와 같은 온도분포를 완전하게 발달한 온도분포, 이와 같이 되어 있는 흐름을 온도분포가 완전하게 발달한 흐름, 이와 같은 흐름이 될 때까지의 구간을 온도발달구간(온도입구영역)이라고 한다. 국소열전달율 α_x는 열전달시작점에서는 무한대이지만 온도발달구간에서 관 길이에 따라서 점차 감소하고 온도분포가 완전하게 발달한 흐름이 되면 일정해진다.

또 유체의 물성치(액체의 경우는 특히 점성계수)가 온도에 따라서 변화하는 경우에는 언뜻 완전하게 발달하였다고 볼 수 있는 흐름이 되어도 속도분포와 온도분포는 관 길이를 따라서 같거나 혹은 상사의 형태가 되지 않고, 결국 국소열전달율도 변화한다.

(2) 유체의 혼합평균온도

관 내류에서 국소열전달율 α_x 및 평균열전달율 α는 각각 다음 식으로 정의된다.

$$\alpha_x = \frac{q_x}{T_{wx} - T_{bx}} \quad [\mathrm{W/(m^2 \cdot K)}] \tag{3.66}$$

$$\alpha = \frac{q}{T_w - T_b} \quad [\mathrm{W/(m^2 \cdot K)}] \tag{3.67}$$

여기서 T_{wx} 및 T_{bx}는 관 길이를 따라 점 x에서 관 내면온도 및 관 단면에서 유체평균온도이고, $T_w - T_b$는 관 전체 길이에서 관 내면과 유체와의 평균온도차이다.

관 내를 흐르고 있는 유체온도는 반경방향으로도 길이방향으로도 변화하고 있다. 열전달시작점에서 임의의 거리 x에서 관 단면 유체평균온도 T_{bx}는 다음 식으로 정의되는 혼합평균온도 (mixed mean temperature) T_{mx}를 이용한다.

$$T_{mx} = \frac{\displaystyle\int_A \rho\, c_p\, u\, T\, dA}{\displaystyle\int_A \rho\, c_p\, u\, dA} = \frac{\displaystyle\int_0^R \rho\, c_p\, u\, T\, r\, dr}{\displaystyle\int_0^R \rho\, c_p\, u\, r\, dr} \quad [\mathrm{K}\ 또는\ ℃] \tag{3.68}$$

여기서 T : 유체의 온도[K 또는 ℃]

u : 유체의 속도[m/s]

ρ : 유체의 밀도[kg/m^3]

c_p : 유체의 정압비열[J/kg·K]

A : 관내 단면적[m^2]

R : 관내 안지름[m]

r : 관 중심에서 반경방향의 거리[m]

ρ, c_p가 일정할 때는,

$$T_{mx} = \frac{\displaystyle\int_A u\, T\, dA}{u_m\, A} = \frac{2\displaystyle\int_0^R u\, T\, r\, dr}{u_m\, R^2} \quad [\mathrm{K}\ 또는\ ℃] \tag{3.69}$$

여기서, u_m : 관 단면 평균속도[m/s]

이 혼합평균온도는 열전달시작점에서 위치 x까지의 열수지로도 구할 수가 있다.

$$T_{mx} = T_{m0} + \frac{Q_x}{c_p W} \quad [\mathrm{K}\ 또는\ ℃] \tag{3.70}$$

여기서, T_{m0} : 관 입구(열전달시작점)에서 유체의 혼합평균온도[K 또는 ℃]

Q_x : 관 입구(열전달시작점)에서 x까지 유체로의 전열량[W]

W : 질량유량[kg/s]

길이 L인 가열(또는 냉각)관의 평균열전달율을 생각하는 경우에는 식 (3.67)에서 관 내면과 유체와의 평균온도차를 $T_w - T_b$로 하여 다음 식으로 산출되는 대수평균온도차(6.3절 참조) $T_w - T_m$을 이용한다.

$$T_w - T_m = \frac{(T_{w0} - T_{m0}) - (T_{wL} - T_{mL})}{\ln \dfrac{T_{w0} - T_{m0}}{T_{wL} - T_{mL}}} \tag{3.71}$$

여기서,

T_{w0} : 관 입구(열전달시작점)에서 관 내면온도[K 또는 ℃]

T_{wL} : 관 출구(열전달종료점)에서 관 내면온도[K 또는 ℃]

T_{mL} : 관 출구(열전달종료점)에서 유체의 혼합평균온도[K 또는 ℃]

단, 근사적으로 T_w는 T_{w0}와 T_{wL}의 산술평균치, T_m은 T_{m0}와 T_{mL}의 산술평균치를 이용하면 된다. 특히 $0.5 < (T_{w0} - T_{m0})/(T_{wL} - T_{mL}) < 2$인 경우에는 이 근사에 의한 오차는 작다.

(3) 열전달의 예측식

먼저 흐름이 층류인지, 난류인지를 추정한다.

$$Re = \frac{u_m D}{\nu} < \text{약 } 2300 \quad : \text{ 층류} \tag{3.72}$$

$$Re > \text{약 } 2300 \quad : \text{ 난류}$$

여기서, D : 관의 내경[m]

또 Reynolds수 Re는 다음의 식과 같다.

$$Re = \frac{u_m D}{\nu} \tag{3.73}$$

(i) 층류열전달

관 내면에서 열유속이 일정한 경우, 열전달시작점에서 거리 x인 위치의 국소열전달율 α_x는 다음 식으로 산출된다[(2)].

$$Nu_x = \frac{\alpha_x D}{\lambda} = 5.36\left[1 + \left(\frac{70.0\,x/D}{Re \cdot Pr}\right)^{-1.11}\right]^{0.3} - 1.0 \tag{3.74}$$

관 내면의 온도가 일정한 경우, 길이 L인 가열(또는 냉각)관의 평균열전달율 α는 다음 식으로 산출된다[(2)].

$$L^* < 0.03 \quad ; \; Nu = \frac{\alpha D}{\lambda} = \frac{1.615}{L^{*1/3}} - 0.2 \tag{3.75}$$

$$L^* \geq 0.03 \quad ; \; Nu = \frac{\alpha D}{\lambda} = 3.66 + \frac{0.0499}{L^*} \tag{3.76}$$

여기서

$$L^* = \frac{L/D}{Re \cdot Pr} \tag{3.77}$$

식 (3.74)~식 (3.77)에서 물성치는 유체평균온도의 값을 이용한다. 단, 기름과 같이 물성치(특히 점성계수)의 온도 의존성이 큰 액체에서는 식 (3.74) 또는 식 (3.75) 혹은 식 (3.76)에서 산출한 Nu_x 또는 Nu를 Nu_c로 하고 다음 식과 같이 보정을 한다[(3)].

$$Nu_x \text{ 또는 } Nu = Nu_c\left(\frac{\mu}{\mu_w}\right)^{0.14} \tag{3.78}$$

여기서, μ 및 μ_w : 유체평균온도 및 관 내면온도에서의 점성계수[Pa · s]

(ii) 난류열전달

난류의 경우에는 온도발달구간이 짧기 때문에 특별하게 짧은 관인 경우 이외는 이를 무시하고 계산하여도 좋다. 이 경우 유체의 물성치가 변화하지 않으면 국소열전달율은 관 길이에 따라 일정하고, 따라서 평균열전달율도 동일한 값이 된다. 물성치 변화가 특별하게 크지 않은 유체의 관내 난류의 국소열전달율 α_x와 평균열전달율 α는 $L/D \geq 10$인 경우 다음 식으로 산출된다[4].

$$Nu_x = \frac{\alpha_x D}{\lambda} = Nu = \frac{\alpha D}{\lambda} = 0.023\, Re^{0.8}\, Pr^{0.4} \tag{3.79}$$

단, 물성치는 유체평균온도에서의 값을 이용한다.

(4) 비원형 단면유로의 경우

비원형 단면유로의 경우에는 원관의 직경 D 대신에 다음 식으로 정의되는 등가직경 De를 이용하면 원관의 식을 근사적으로 적용할 수가 있다.

$$De = \frac{4 \times (\text{유로 단면적})}{(\text{접수 길이})} \tag{3.80}$$

예제 3.7

물성치가 일정한 유체가 일정한 열유속이 되도록 내면에서 가열되고 있는 원관 내를 층류이면서 완전하게 발달한 상태에서 흐르고 있다. 이때 반경방향의 온도분포, 국소열전달율 및 국소 Nusselt수를 구하시오. 단, 이 경우 속도분포는 다음 식과 같다.

$$u = 2u_m\left(1 - \frac{r^2}{R^2}\right) \tag{1}$$

여기서, R : 관내 반경[m], u_m : 유체의 관 단면 평균속도[m/s]

풀이

[예제 3.2]의 〈그림 3.3〉과 같은 좌표계를 고려한다.

국소열전달율 α_x는,

$$\alpha_x = \frac{q}{T_{wx} - T_{mx}} \tag{2}$$

로 정의되지만, 완전하게 발달한 온도분포의 경우에 α_x는 관 축방향의 좌표 x에 관계없이 일정한 값으로 잡는다. 따라서,

$$\frac{q}{T_{wx} - T_{mx}} = \text{const.} \tag{3}$$

완전하게 발달한 온도분포는 온도분포가 x방향으로 상사한 형태를 가질 때 즉,

$$\frac{\partial}{\partial x}\left(\frac{T_{wx} - T}{T_{wx} - T_{mx}}\right) = 0 \tag{4}$$

으로 되어 있을 때이다.

관 내면에서 열유속이 일정하기 때문에,

$$\frac{\partial q}{\partial x} = 0 \tag{5}$$

식 (3), (4), (5)로부터,

$$\frac{\partial T}{\partial x} = \frac{dT_{wx}}{dx} = \frac{dT_{mx}}{dx} \tag{6}$$

하지만, 현재와 같은 경우 에너지방정식은 식 (3.18)로 주어진다.

$$u\frac{\partial T}{\partial x} = a\left[\frac{1}{r}\frac{\partial}{\partial r}\left(r\frac{\partial T}{\partial r}\right)\right] \tag{7}$$

경계조건은,

$$r = 0 \ ; \ \frac{\partial T}{\partial r} = 0 \tag{8}$$

$$r = R \ ; \ T = T_{wx} \tag{9}$$

식 (7)에 식 (1)과 식 (6)을 대입하여 정리하면,

$$\frac{\partial}{\partial r}\left(r\frac{\partial T}{\partial r}\right)=\frac{2u_m\left(\frac{dT_{mx}}{dx}\right)}{a}r\left(1-\frac{r^2}{R^2}\right)$$

이 식을 r에 대해서 적분하면,

$$r\frac{\partial T}{\partial r}=\frac{u_m\left(\frac{dT_{mx}}{dx}\right)}{a}r^2\left(1-\frac{r^2}{2R^2}\right)+C_1$$

식 (8)의 조건에서, $C_1=0$

$$\therefore\ \frac{\partial T}{\partial r}=\frac{u_m\left(\frac{dT_{mx}}{dx}\right)}{a}r\left(1-\frac{r^2}{2R^2}\right) \tag{10}$$

식 (10)을 다시 적분하면,

$$T=\frac{u_m\left(\frac{dT_{mx}}{dx}\right)}{2a}r^2\left(1-\frac{r^2}{4R^2}\right)+C_2$$

식 (9)의 조건에서, $C_2=T_{wx}-\frac{3u_m\left(\frac{dT_{mx}}{dx}\right)}{8a}R^2$

$$\therefore\ T_{wx}-T=\frac{u_m\left(\frac{dT_{mx}}{dx}\right)}{8aR^2}(3R^4-4R^2r^2+r^4) \tag{11}$$

유체의 혼합평균온도는 식 (3.69)로부터,

$$T_{mx} = \frac{2\int_0^R u\,T\,r\,dr}{u_m R^2}$$

로 주어지기 때문에,

$$T_{wx} - T_{mx} = \frac{2\int_0^R (T_{wx} - T)urdr}{u_m R^2}$$

이 식에 식 (1)과 식 (11)을 대입하면,

$$T_{wx} - T_{mx} = \frac{u_m\left(\dfrac{dT_{mx}}{dx}\right)}{2aR^6}\int_0^R (3R^6 r - 7R^4 r^3 + 5R^2 r^5 - r^7)dr$$

$$\therefore\ T_{wx} - T_{mx} = \frac{11}{48}\frac{u_m\left(\dfrac{dT_{mx}}{dx}\right)}{a}R^2 \tag{12}$$

식 (11)과 식 (12)로부터 $u_m\left(\dfrac{dT_{mx}}{dx}\right)/a$를 소거하면,

$$\frac{T_{wx} - T}{T_{wx} - T_{mx}} = \frac{6}{11}\left[3 - 4\left(\frac{r}{R}\right)^2 + \left(\frac{r}{R}\right)^4\right] \tag{13}$$

혹은 관 중심($r = 0$)에서 유체온도를 T_{cx}로 하면, 식 (13)으로부터

$$\frac{T_{wx} - T_{cx}}{T_{wx} - T_{mx}} = \frac{18}{11}$$

이 식과 식 (13)으로부터,

$$\frac{T_{wx} - T}{T_{wx} - T_{cx}} = 1 - \frac{4}{3}\left(\frac{r}{R}\right)^2 + \frac{1}{3}\left(\frac{r}{R}\right)^4 \tag{14}$$

식 (13) 혹은 식 (14)가 구하는 온도분포이다.

관 내면에서 열유속은,

$$q = \lambda \left(\frac{\partial T}{\partial r} \right)_{r=R}$$

이 식에 식 (13)을 대입하여 정리하면,

$$q = \frac{24}{11} \frac{\lambda}{R} (T_{wx} - T_{mx}) \tag{15}$$

식 (2)와 식 (15)로부터 국소열전달율 α_x는 다음 식과 같이 된다.

$$\alpha_x = \frac{24}{11} \frac{\lambda}{R} \tag{16}$$

따라서 국소 Nusselt수 Nu_x는,

$$Nu_x = \frac{\alpha_x D}{\lambda} = \frac{2\alpha_x R}{\lambda} = \frac{48}{11} = 4.36 \tag{17}$$

참고

식 (3.74)에서 $x = \infty$일 때 $Nu_x = 4.36$이 되고, 위의 이론해와 일치한다. 또 관 내면 온도가 일정한 경우에는 완전하게 발달한 상태에서 $Nu_x = 3.66$이 된다.

예제 3.8

내경 50mm인 원관 내를 다음의 유체가 흐르고 있는 경우 열전달율을 각각 구하시오.

(1) 압력 0.101MPa, 온도 60℃, 속도 2.0m/s의 물

(2) 압력 1.0MPa, 온도 300℃, 속도 20m/s의 수증기

(3) 압력 0.101MPa, 온도 60℃, 속도 20m/s의 공기

풀이

(1) 압력 0.101MPa, 온도 60℃인 물의 물성치는 〈표 3.1〉로부터,

$$\nu = 0.479 \times 10^{-6} \mathrm{m^2/s},\ \lambda = 0.650 \mathrm{W/(m \cdot K)},\ Pr = 3.03$$

$$Re = \frac{u_m D}{\nu} = \frac{2.0 \times 0.050}{0.479 \times 10^{-6}} = 2.09 \times 10^5 \qquad \therefore \text{난류}$$

식 (3.79)로부터,

$$\alpha = 0.023 \frac{\lambda}{D} Re^{0.8} Pr^{0.4} = 0.023 \times \frac{0.650}{0.050} \times (2.09 \times 10^5)^{0.8} \times 3.03^{0.4}$$

$$= 8.4 \times 10^3 \mathrm{W/(m^2 \cdot K)}$$

(2) 압력 1.0MPa, 온도 300℃인 수증기의 물성치는 〈표 3.2〉로부터,

$$\nu = 5.211 \times 10^{-6} \mathrm{m^2/s},\ \lambda = 0.0445 \mathrm{W/(m \cdot K)},\ Pr = 0.974$$

$$Re = \frac{20 \times 0.050}{5.211 \times 10^{-6}} = 1.92 \times 10^5 \qquad \therefore \text{난류}$$

$$\alpha = 0.023 \times \frac{0.0445}{0.050} \times (1.92 \times 10^5)^{0.8} \times 0.974^{0.4}$$

$$= 3.4 \times 10^2 \mathrm{W/(m^2 \cdot K)}$$

(3) 압력 0.101MPa, 온도 60℃인 공기의 물성치는 〈표 3.4〉로부터,

$$\nu = 19.01 \times 10^{-6} \mathrm{m^2/s},\ \lambda = 0.02865 \mathrm{W/(m \cdot K)},\ Pr = 0.708$$

$$Re = \frac{20 \times 0.050}{19.01 \times 10^{-6}} = 5.26 \times 10^4 \qquad \therefore \text{난류}$$

$$\alpha = 0.023 \times \frac{0.02865}{0.050} \times (5.26 \times 10^4)^{0.8} \times 0.708^{0.4} = 69 \mathrm{W/(m^2 \cdot K)}$$

참고

이 예로부터 유체(물, 수증기, 공기)의 차이에 따라 열전달 효율성의 정도를 이해할 수 있다.

예제 3.9

내경 40mm, 외경 44mm, 길이 10m인 원관 내에 온도 65℃, 압력 0.101MPa의 공기가 매초 0.0140kg 유입되고 있다. 관 입구에서 출구까지의 공기 온도를 10℃ 이하로 낮추기 위해서는 관의 외측에 최저 어느 정도 두께의 보온재를 감으면 좋을까? 단, 관재 및 보온재의 열전도율은 각각 46W/(m · K) 또는 0.050W/(m · K), 외기온도는 20℃, 보온재 외면에서 열전달율은 9.0W/(m^2 · K)로 한다.

풀이

관내 공기와 외기와의 평균온도차로 대수평균온도차(6.3절 참조)를 이용한다.

$$T_{b1} - T_{b2} = \frac{(65-20)-(55-20)}{\ln\dfrac{65-20}{55-20}} \frac{65-20}{55-20} = 39.8℃$$

$$\therefore\ T_{b1} = 39.8 + 20 = 59.8℃ \simeq 60℃$$

60℃(압력은 0.101MPa)에서 공기의 물성치는 〈표 3.4〉로부터,

$$c_p = 1009\text{J}/(\text{kg}\cdot\text{K}),\ \mu = 20.13\times10^{-6}\text{Pa}\cdot\text{s},$$

$$\lambda = 0.02865\text{W}/(\text{m}\cdot\text{K}),\ Pr = 0.708$$

손실열량 Q는

$$Q = Wc_p(T_{m0} - T_{mL}) \leq 0.0140\times1009\times10 = 141\text{W}$$

관 내에서 열전달율 α_1을 구한다.

$$Re = \frac{u_m D_i}{\nu} = \frac{4W}{\pi D_i \mu} = \frac{4 \times 0.0140}{\pi \times 0.040 \times 20.13 \times 10^{-6}}$$

$$= 2.21 \times 10^4 \qquad \therefore \text{ 난류}$$

식 (3.79)로부터,

$$\begin{aligned} \alpha_1 &= 0.023 \frac{\lambda}{D_i} Re^{0.8} Pr^{0.4} \\ &= 0.023 \times \frac{0.02865}{0.040} \times (2.21 \times 10^4)^{0.8} \times 0.708^{0.4} \\ &= 42.9 \mathrm{W/(m^2 \cdot K)} \end{aligned}$$

관 내의 공기에서 외기로의 전열량 Q는 식 (2.66)으로부터,

$$Q = \frac{2\pi (T_{b1} - T_{b2}) L}{\dfrac{1}{\alpha_1 R_i} + \dfrac{1}{\lambda_1} \ln \dfrac{R_1}{R_i} + \dfrac{1}{\lambda_2} \ln \dfrac{R_o}{R_1} + \dfrac{1}{\alpha_2 R_o}}$$

이것이 위의 손실열량과 같기 때문에,

$$Q = \frac{2\pi \times 39.8 \times 10}{\dfrac{1}{42.9 \times 0.020} + \dfrac{1}{46} \ln \dfrac{0.022}{0.020} + \dfrac{1}{0.050} \ln \dfrac{R_o}{0.022} + \dfrac{1}{9.0 R_o}} \le 141$$

$$\therefore \frac{2500}{1.165 + 0.002 + 20 \ln x + 5.05 x^{-1}} \le 141 \qquad \text{단,} \quad x = \frac{R_o}{0.022}$$

이 식을 정리하여,

$$x \ge \exp\left(0.828 - \frac{0.253}{x}\right)$$

이 식에서 등호의 경우에 대해서는 반복계산으로 푼다.

x(가정)	x(오른쪽 항에서 산출)
3.00	2.10
2.10	2.03
2.03	2.02
2.02	2.02

$$\therefore\ x = \frac{R_o}{0.022} \geq 2.02$$

$$R_o \geq 0.044\text{m}$$

$$\delta = R_o - R_1 \geq 0.044 - 0.022 = 0.022\text{m} = 22\text{mm}$$

따라서 보온재의 최저 두께는 22mm이다.

참고

관내 공기 출입구의 산술평균온도와 외기온도와의 차는 40℃ 이기 때문에 지금의 경우 평균온도차로써 이 값을 이용하여도 오차는 작다.

예제 3.10

관형 공기예열기가 있다. 관군은 관 간격이 기류의 방향 및 기류에 직각방향으로 120mm의 정열배열로 되어 있고, 관 열수는 기류방향으로 8열이다. 관의 외경은 60mm, 내경은 56mm로 관외를 흐르는 연소가스의 접근속도는 2.80m/s, 접근온도는 300℃, 연소가스의 관군에서 평균온도는 270℃ 로, 연소가스는 공기와 같은 물성을 가진 것으로 한다. 관 내를 평균온도 70℃ 의 공기가 10.0m/s로 흐르고 있을 때, 관 하나에 단위길이당 전달되는 평균열량을 구하시오. 단, 연소가스 및 공기의 압력은 모두 0.101MPa이고, 방사의 영향은 무시한다.

풀이

먼저 연소가스와 관 외면 사이의 평균열전달율을 구한다. 연소가스는 공기와 같은 물성을 가지는 것으로 가정하였기 때문에 0.101MPa, 300℃ 의 연소가스(공기)의 물성치는 〈표 3.4〉로부터,

$$\nu = 48.53 \times 10^{-6} \mathrm{m^2/s}, \ \lambda = 0.04415 \mathrm{W/(m \cdot K)}, \ Pr = 0.707$$

관 외면 온도를 $T_w = 170$℃로 가정하면 이 온도의 공기에서 Pr_w는 〈표 3.4〉로부터,

$$Pr_w = 0.703$$

식 (3.62)로부터,

$$u_{\max} = \frac{120}{120-60} \times 2.80 = 5.60 \mathrm{m/s}$$

식 (3.61)로부터,

$$Re = \frac{u_{\max} D_o}{\nu} = \frac{5.60 \times 0.060}{48.53 \times 10^{-6}} = 6.92 \times 10^3$$

〈표 3.6〉으로부터, $C = 0.27, \quad n = 0.63$

식 (3.60)으로부터,

$$\alpha_2 = 0.27 \times \frac{0.04415}{0.060} \times (6.92 \times 10^3)^{0.63} \times 0.707^{0.36} \times \left(\frac{0.707}{0.703}\right)^{0.25}$$
$$= 46.1 \mathrm{W/(m^2 \cdot K)}$$

다음으로 공기와 관 내면 사이의 평균열전달율을 구한다.

0.101MPa, 70℃인 공기의 물성치는 〈표 3.4〉로부터,

$$\nu = 20.04 \times 10^{-6} \mathrm{m^2/s}, \ \lambda = 0.02936 \mathrm{W/(m^2 \cdot K)}, \ Pr = 0.707$$

$$Re = \frac{u_m D_i}{\nu} = \frac{10.0 \times 0.056}{20.04 \times 10^{-6}} = 2.79 \times 10^4 \qquad \therefore \text{ 난류}$$

그러므로 난류의 식 (3.79)로부터,

$$\alpha_1 = 0.023 \times \frac{0.02936}{0.056} \times (2.79 \times 10^4)^{0.8} \times 0.707^{0.4}$$

$$= 37.8 \mathrm{W/(m^2 \cdot K)}$$

관벽 내의 열전도저항은 양 표면에서 대류열저항에 비하여 대단히 작기 때문에 무시한다(관벽 내의 열저항 $\simeq \delta/\lambda \simeq 0.002/50 = 0.00004 \mathrm{m^2 \cdot K/W} \ll 1/\alpha_2 = 0.0217 \mathrm{m^2 \cdot K/W}$).

관 단위길이당 연소가스에서 공기로의 평균전열량은 식 (2.57)로부터,

$$\frac{Q}{L} = \frac{\pi(T_{b2} - T_{b1})}{\dfrac{1}{\alpha_1 D_i} + \dfrac{1}{\alpha_2 D_o}} = \frac{\pi(270 - 70)}{\dfrac{1}{37.8 \times 0.056} + \dfrac{1}{46.1 \times 0.060}}$$

$$= 7.5 \times 10^2 \mathrm{W/m}$$

또, $Q = \alpha_2 (T_{b2} - T_w)\pi D_o L$이기 때문에,

$$T_w = T_{b2} - \frac{Q/L}{\pi D_o \alpha_2} = 270 - \frac{7.5 \times 10^2}{\pi \times 0.060 \times 46.1} = 184 ℃$$

이 온도에서 Prandtl수 Pr_w의 값은, 처음에 가정한 $T_w = 170$ ℃에서 $Pr_w = 0.703$과 다르지 않다(〈표 3.4〉 참조). 따라서 위의 계산으로 충분하다.

예제 3.11

온도 19℃인 기름을 온도 35℃로 만들기 위해서 내경 22mm인 가열된 원관 내로 흘려보내고 있다. 기름의 유량이 0.082kg/s일 때 필요한 관의 길이를 다음 두 가지 경우에 대해서 구하시오. 단, 온도$(19 + 35)/2 = 27$ ℃에서 기름의 물성치는 다음과 같다.

$$\mu = 0.0102 \mathrm{Pa \cdot s}, \quad c_p = 1.88 \mathrm{kJ/(kg \cdot K)}, \quad \lambda = 0.144 \mathrm{W/(m \cdot K)}$$

(1) 관 내면에서 열유속이 일정하게 4.2kW/m^{2}인 경우.

(2) 관 내면 온도가 일정하게 100℃ 인 경우. 단, 100℃ 에서 기름의 점성계수는 $\mu_w = 0.00205\,\mathrm{Pa\cdot s}$이다.

풀이

(1)의 경우 :

관 전체 길이에서의 열수지로부터,

$$Q = q\pi DL = Wc_p(T_{mL} - T_{m0})$$

$$\therefore\ L = \frac{Wc_p(T_{mL} - T_{m0})}{\pi Dq}$$

$$= \frac{0.082 \times 1.88 \times 10^3 \times (35 - 19)}{\pi \times 0.0220 \times 4.2 \times 10^3} = 8.5\mathrm{m}$$

(2)의 경우 :

관 전체 길이에서의 열수지로부터,

$$Q = \alpha(T_w - T_m)\pi DL = Wc_p(T_{mL} - T_{m0})$$

$$Wc_p(T_{mL} - T_{m0}) = 0.082 \times 1.88 \times 10^3 \times (35 - 19)$$

$$= 2.47 \times 10^3\mathrm{W}$$

$$\therefore\ \alpha(T_w - T_m)\pi DL = 2.47 \times 10^3 \tag{1}$$

다음으로 관 내의 열전달율을 구한다.

$$Pr = \frac{\nu}{a} = \frac{c_p\mu}{\lambda} = \frac{1.88 \times 10^3 \times 0.0102}{0.144} = 133$$

$$Re = \frac{u_m D}{\nu} = \frac{4W}{\pi D\mu} = \frac{4 \times 0.082}{\pi \times 0.0220 \times 0.0102} = 465 \qquad \therefore \text{층류}$$

$$L^* = \frac{L/D}{Re\cdot Pr} = \frac{L}{0.0220 \times 465 \times 133} = \frac{L}{1361}$$

또한, $L^* < 0.03$으로 식 (3.75)를 이용한다. 이 식과 식 (3.78)로부터,

$$\begin{aligned}\alpha &= \frac{\lambda}{D}\left(\frac{1.615}{L^{*\,1/3}} - 0.2\right)\left(\frac{\mu}{\mu_w}\right)^{0.14} \\ &= \frac{0.144}{0.0220}\left(\frac{1.615 \times 1361^{1/3}}{L^{1/3}} - 0.2\right)\left(\frac{0.0102}{0.00205}\right)^{0.14} \\ &= \frac{147}{L^{1/3}} - 1.6\end{aligned} \tag{2}$$

한편 식 (3.71)로부터,

$$T_w - T_m = \frac{T_{mL} - T_{m0}}{\ln\dfrac{t_w - T_{m0}}{t_w - T_{mL}}} = \frac{35 - 19}{\ln\dfrac{100 - 19}{100 - 35}} = 72.7℃ \tag{3}$$

참고

이용하여야만 하는 유체의 평균온도는 $T_m = 100 - 72.7 = 27.3℃$ 이지만 산술평균온도 27 ℃ 와의 차는 대단히 작다. 따라서 위와 같이 27℃ 에서 물성치를 이용하면 된다.

식 (2)와 식 (3)을 식 (1)에 대입하여,

$$72.7 \times \pi \times 0.0220(147L^{-1/3} - 1.6)L = 2.47 \times 10^3$$

$$\therefore\ L = \frac{492}{147L^{-1/3} - 1.6} \tag{4}$$

식 (4)를 반복계산하여 푼다.

L(가정)	L(오른쪽 항에서 산출)
10.0	7.4
7.4	6.7
6.7	6.4
6.4	6.3
6.3	6.3

따라서, $L = 6.3\text{m}$

또, $L^* = 6.3/1361 = 0.0046 < 0.03$이다. 따라서, 식 (3.75)를 이용한 위의 계산은 틀리지 않았다.

3.4 자연대류 열전달

3.4.1 자연대류

앞 절에서 설명한 것과 같이 외부로부터 강제력에 의한 유동이 아닌, 유체 내의 온도분포에 의한 밀도분포가 있어서 그 밀도차에 기초한 체적력(body force)으로 유동이 발생하는 경우를 자연대류 또는 자유대류라고 한다.

고체면의 온도가 유체온도보다도 높은 경우, 고체면 부근의 유체는 가열되고 고체면에서 떨어진 주위의 유체보다도 밀도가 작아지기 때문에 거기에서 부력이 발생한다. 이 부력에 의해 그 부분의 유체가 위 방향으로 흐르는 대류가 발생한다. 고체면의 온도가 유체온도보다도 낮고 유체가 냉각되는 경우에는 고체면 근방의 유체 밀도는 주위 유체의 밀도보다도 커지기 때문에 그 부분의 유체는 중력에 의해서 아래 방향으로 흐르는 대류가 발생한다(정확하게 말하면 고체면 근방의 유체에 작용하는 체적력은 부력과 중력의 차이고 부력 쪽이 크면 위 방향으로, 중력 쪽이 크면 아래 방향으로 흐른다).

또, 이와 같이 밀도에 비례하는 체적력은 중력장뿐 아니라 원심력장과 같은 힘의 장에서도 발생한다.

3.4.2 수직평판의 경우

수직으로 놓여진 가열평판의 경우 〈그림 3.8〉에 나타내는 것과 같이 평판의 하단에서부터 경계층이 발달한다. 경계층 내의 속도 u 및 온도 T는 그림에 나타내는 것과 같은 분포로 된다. 이 경계층은 처음에는 층류이지만 하단으로부터 어떤 높이의 점 x_c에서 난류로 천이한다. 천이가 발생하는 임계 Grashof수 Gr_c와 Prandtl수의 곱은 일반적으로

$$Gr_c \cdot Pr = \frac{x_c^3 \, g \, \beta(T_w - T_\infty)}{\nu^2} \cdot Pr \simeq 10^9 \tag{3.81}$$

정도이다.

평판의 표면 온도가 일정한 경우 평균열전달율 α는 다음 식으로부터 산출된다[(5)].

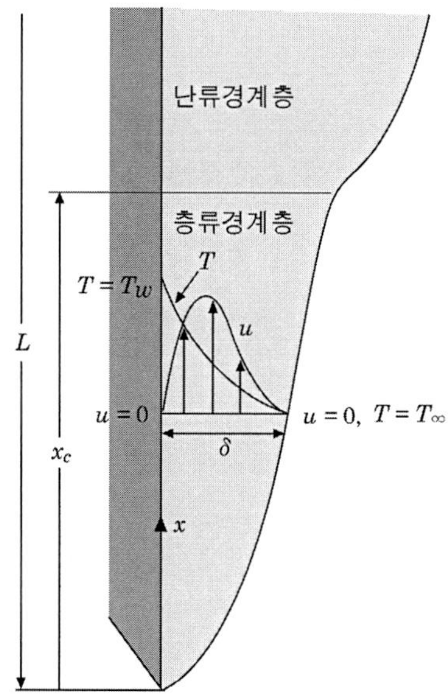

〈그림 3.8〉 수직 가열평판을 흐르는 자연대류의 경계층

$$Nu = \frac{\alpha L}{\lambda} = \left[0.825 + \frac{0.387(Gr \cdot Pr)^{1/6}}{\{1 + (0.492/Pr)^{9/16}\}^{8/27}} \right]^2 \tag{3.82}$$

여기서,

$$Gr = \frac{L^3 \, g \, \beta(T_w - T_\infty)}{\nu^2} \tag{3.83}$$

T_w : 평판 표면의 온도[K 또는 ℃]

T_∞ : 평판에서 떨어진 주위 유체의 온도[K 또는 ℃]

L : 평판의 높이[m]

g : 중력가속도[m/s^2]

Pr : 유체의 Prandtl수

ν : 유체의 동점성계수[m²/s]

λ : 유체의 열전도율[W/m · K]

β : 유체의 체적팽창계수

(기체에서는 $\beta = 1/T_\infty$ 단, T_∞는 절대온도[K])[k^{-1}]

식 (3.82)와 식 (3.83)에서 체적팽창계수 이외의 물성치는 막온도 $T_f = (T_w + T_\infty)/2$의 값을 이용한다.

평판 표면에서 열유속 q[W/m²]가 일정한 경우의 국소열전달율 α_x는 다음 식으로 산출된다[(6)].

$$Nu_x = \frac{\alpha_x x}{\lambda} = 0.631\left(\frac{Pr^2}{Pr + 0.9\sqrt{Pr} + 0.4}\right)^{1/5}\left(\frac{x^4\ g\ \beta q}{\nu^2 \lambda}\right)^{1/5} \tag{3.84}$$

식 (3.84) 중의 물성치는 기체는 온도 $T = T_w - 0.38(T_w - T_\infty)$의 값, 액체는 온도 $T = T_w - 0.25(T_w - T_\infty)$의 값을 이용한다.

예제 3.12

높이 100cm, 폭 20cm, 표면온도가 일정하게 70℃ 인 수직한 평판벽이 있다. 정지한 주위의 공기 온도는 10℃, 압력은 대기압이다. 벽으로부터의 방열량을 구하시오.

풀이

$$T_f = \frac{T_w + T_\infty}{2} = \frac{70 + 10}{2} = 40℃$$

40℃ 에서 대기압의 공기 물성치는 〈표 3.4〉로부터,

$$\nu = 17.03 \times 10^{-6}\mathrm{m/s},\ \lambda = 0.02720\mathrm{W/(m \cdot K)},\ Pr = 0.710$$

$$\beta = \frac{1}{T_\infty + 273} = \frac{1}{283} = 0.00353\mathrm{K}^{-1}$$

$$Gr = \frac{L^3\ g\ \beta(T_w - T_\infty)}{\nu^2}$$

$$= \frac{1.00^3 \times 9.807 \times 0.00353 \times (70-10)}{(17.03 \times 10^{-6})^2} = 7.16 \times 10^9$$

$$Gr \cdot Pr = 7.16 \times 10^9 \times 0.710 = 5.08 \times 10^9$$

식 (3.82)로부터,

$$\alpha = \frac{0.02720}{1.00}\left[0.825 + \frac{0.387 \times (5.08 \times 10^9)^{1/6}}{\{1 + (0.492/0.710)^{9/16}\}^{8/27}}\right]^2$$

$$= 5.54\mathrm{W}/(\mathrm{m}^2 \cdot \mathrm{K})$$

따라서,

$$Q = \alpha(T_w - T_\infty)LB$$

$$= 5.54 \times (70-10) \times 1.00 \times 0.20$$

$$= 66\mathrm{W}$$

3.4.3 수평평판의 경우

수평으로 놓여진 변의 길이가 L[m]인 장방형의 평판에서, 평판의 주위가 〈그림 3.9〉와 같이 개방되어 있고 유체가 자유롭게 출입하는 경우의 평균열전달율 α는 다음 식으로 산출된다(7, 8).

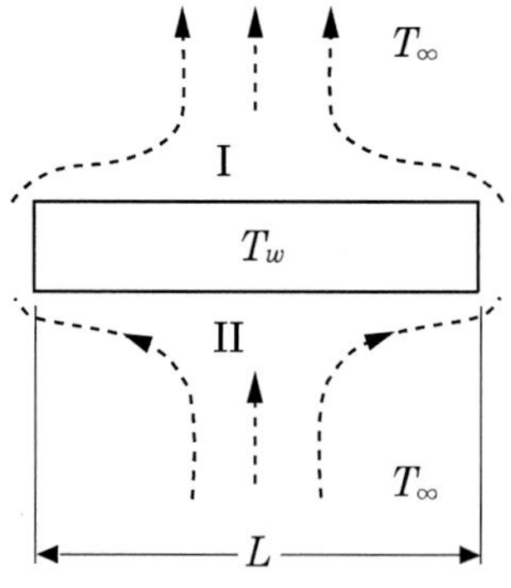

〈그림 3.9〉 수평평판에서의 자연대류

(1) 〈그림 3.9〉의 Ⅰ 측

$10^4 < Gr \cdot Pr < 10^7$의 경우 :

$$Nu = \frac{\alpha L}{\lambda} = 0.54(Gr \cdot Pr)^{1/4} \tag{3.85}$$

$10^7 < Gr \cdot Pr < 10^{11}$의 경우 :

$$Nu = \frac{\alpha L}{\lambda} = 0.15(Gr \cdot Pr)^{1/3} \tag{3.86}$$

(2) 〈그림 3.9〉의 Ⅱ 측

$10^5 < Gr \cdot Pr < 10^{10}$의 경우 :

$$Nu = \frac{\alpha L}{\lambda} = 0.27(Gr \cdot Pr)^{1/4} \tag{3.87}$$

여기서, Gr은 식 (3.83)이고, 물성치는 막온도 $T_f = (T_w + T_\infty)/2$의 값을 이용한다.

3.4.4 수직원주의 경우

수직으로 놓여진 높이 L[m]의 원주를 따라 흐르는 자연대류에 관해서는 원주의 직경 D[m]가 특별하게 작지 않는 한, 즉

$$\frac{D}{L} \geq \frac{35}{Gr^{1/4}} \tag{3.88}$$

일 때, 표면의 곡률을 무시하고 수직평판인 경우의 식 (3.82)나 혹은 식 (3.84)를 적용할 수 있다[(9)]. 식 (3.88)에서 Gr은 식 (3.83)의 Grashof수이다.

3.4.5 수평원주의 경우

수평으로 놓여진 직경 D[m]의 원주 주위 자연대류의 평균열전달율 α는 다음 식으로 산출된다[10].

$$Nu = \frac{\alpha D}{\lambda} = C(Gr_D \cdot Pr)^n \tag{3.89}$$

여기서,

$$Gr_D = \frac{D^3\, g\, \beta\,(T_w - T_\infty)}{\nu^2} \tag{3.90}$$

계수 C와 지수 n의 값을 〈표 3.7〉에 나타낸다. 물성치는 막온도 $T_f = (T_w + T_\infty)/2$의 값을 이용한다.

〈표 3.7〉 식 (3.89)의 계수와 지수의 값

$Gr_D \cdot Pr$	C	n
$10^{-10} \sim 10^{-2}$	0.675	0.058
$10^{-2} \sim 10^{2}$	1.020	0.148
$10^{2} \sim 10^{4}$	0.850	0.188
$10^{4} \sim 10^{7}$	0.480	0.250
$10^{7} \sim 10^{12}$	0.125	0.333

예제 3.13

외경 76mm, 외면온도 150℃인 원관이 온도 10℃, 압력 0.101MPa의 공기 중에 수평으로 놓여 있다. 이 경우의 평균열전달율을 구하시오.

풀이

$$T_f = \frac{T_w + T_\infty}{2} = 80℃$$

0.101MPa, 80℃의 공기의 물성치는 〈표 3.4〉로부터,

$$\nu = 21.06 \times 10^{-6} \mathrm{m^2/s},\ \lambda = 0.03006 \mathrm{W/(m \cdot K)},\ Pr = 0.706,$$

$$\beta = \frac{1}{T_\infty + 273} = \frac{1}{283} = 0.00353 \mathrm{K}^{-1}$$

$$Gr_D = \frac{D^3\ g\ \beta(T_w - T_\infty)}{\nu^2}$$

$$= \frac{0.076^3 \times 9.807 \times 0.00353 \times (150 - 10)}{(21.06 \times 10^{-6})^2}$$

$$= 4.80 \times 10^6$$

$$Gr_D \cdot Pr = 4.80 \times 10^6 \times 0.706 = 3.39 \times 10^6$$

〈표 3.7〉로부터, $C = 0.480$, $n = 0.250$

식 (3.89)로부터,

$$\alpha = 0.480 \frac{\lambda}{D} (Gr \cdot Pr)^{0.250} = 0.480 \times \frac{0.03006}{0.076} \times (3.39 \times 10^6)^{0.250}$$

$$= 8.1 \mathrm{W/(m^2 \cdot K)}$$

연습문제

3.1 금속벽을 사이에 두고 한쪽에는 물, 다른 쪽에는 공기가 흐르고 있고 양쪽 사이에서는 열교환이 일어나고 있다. 열교환을 촉진하기 위해서 어느 한쪽 면에 휜을 붙이기로 한다. 일반적인 조건의 경우 물 측과 공기 측, 어느 쪽에 휜을 붙이는 것이 좋을지 이유를 들어서 설명하시오.

3.2 어떤 고온의 온도로 일정하게 유지되는 평판의 표면을 따라서 저온의 공기가 층류경계층을 형성하여 흐르고 있다. 이때 평판 표면과 공기 사이의 국소열전달율과 평균열전달율은 각각 식 (3.52)와 식 (3.53)으로 표시된다. 이 경우에 대해서 다음의 질문에 답하시오. 단, 방사의 영향은 무시한다.

(1) 식 (3.53)을 식 (3.52)로부터 유도하시오.

(2) 다른 조건은 변하지 않고, 평판 표면과 공기 주류 사이의 온도차가 0.5배가 되면 평판에서 공기로의 전열량은 몇 배가 되는가? 단, 공기의 물성치는 일정하다.

(3) 다른 조건은 변하지 않고, 공기 주류의 속도가 0.5배가 되면 평판에서 공기로의 전열량은 몇 배가 될까?

(4) 다른 조건은 변하지 않고, 평판의 길이(공기 흐름방향의 평판의 치수)가 0.5배가 되면 평판에서 공기로의 전열량은 몇 배가 될까?

3.3 내부에서 발열하고 있는 길이 200mm의 평판을 이 평판을 따라서 흐르는 온도 20℃의 공기로 냉각하고 있다. 공기로의 열유속은 평판 표면에서 일정하게 2400W/m^{2}이다. 이 평판 표면의 온도를 120℃ 이하로 하기 위해서는 공기의 유속[m/s]을 얼마로 하면 좋은가?

3.4 열전도율 52W/(m·K)의 금속으로 만들어진 직경 2cm, 길이 13cm인 환봉이 있다. 봉의

측면(원주면)은 외부와 완전히 단열되어 있고, 봉의 한쪽 단면에서 1.7W의 열량이 봉으로 유입되고, 다른 쪽의 단면은 면을 따라서 흐르는 21℃의 공기에 의해 냉각되고 있다. 열이 유입되고 있는 단면의 온도를 80℃ 이하로 유지하기 위해서는 공기의 속도[m/s]를 얼마로 하면 좋은가? 단, 봉의 단면과 공기 사이의 열전달율 α[W/(m$^2\cdot$K)]는 다음 식으로 표시된다.

$$\alpha = 33.0\,u^{0.5}$$

여기서 u는 공기의 유속[m/s]이다.

3.5 일정한 공기의 흐름 중에, 흐름을 가로질러 정방형단면의 가열된 각봉을 하나의 면이 흐름에 수직하게 두고, 이 각봉에서 공기로의 대류전열 실험을 하였다. 정방형의 한 변의 길이가 50mm인 각봉에서 공기의 접근온도는 일정하고 접근속도가 15m/s와 20m/s인 두 경우에 대해 평균열전달율을 측정한 결과 각각 74W/(m$^2\cdot$K)와 90W/(m$^2\cdot$K)이었다. 이 경우의 평균열전달율은 대표치수로 정방향의 한 변의 길이를 이용하고, 물성치는 접근온도의 값을 이용하여 다음의 무차원식으로 표현되는 것으로 가정한다.

$$Nu = C\,Re^m\,Pr^n$$

여기에서 C, m, n은 정수이다. 다음 두 경우의 평균열전달율은 각각 얼마가 된다고 생각할 수 있는가? 단, 공기의 접근온도 및 각봉의 위치는 실험과 동일하다.

(1) 정방향의 한쪽 변이 100mm인 각봉으로 접근속도가 20m/s의 경우

(2) 정방향의 한쪽 변이 60mm인 각봉으로 접근속도가 10m/s의 경우

3.6 가열원관 내를 흐르고 있는 어떤 유체의 온도분포는 다음 식과 같다.

$$\frac{T_w - T}{T_w - T_m} = 4\left(\frac{y}{R}\right) - 2\left(\frac{y}{R}\right)^2$$

여기서 T는 관 내면에서 관 중심을 향하여 임의의 거리 y에서의 유체온도, T_w는 관 내면 온도, T_m은 유체의 혼합평균온도, R은 관의 반경이다. 이때의 Nusselt수를 구하시오. 단, Nusselt수의 대표치수로는 관의 직경을 이용하고 열전달율은 관 내면 온도와 유체혼합평균온도와의 차로써 정의한다.

3.7 유속 u의 분포가

$$u = \frac{3}{2}u_m\left(1 - \frac{y^2}{b^2}\right)$$

로 주어지는 간격 $2b$인 평행한 두 평판 사이에서 완전하게 발달한 층류를 생각한다. 평판 표면의 온도 T_w가 흐름방향의 거리 x와 함께 직선적으로 변화하고 있을 때(단, 같은 x점에서 양쪽 평판의 표면온도는 같다), 유체의 온도분포는 임의의 거리 x점에서,

$$\frac{T_w - T}{T_w - T_c} = 1 - \frac{6}{5}\left(\frac{y}{b}\right)^2 + \frac{1}{5}\left(\frac{y}{b}\right)^4$$

가 되는 것을 나타내시오. 또 이때의 Nusselt수 $Nu = \alpha \cdot 2b/\lambda$ 는 일정한 값을 갖는다. 이 값을 구하시오. 단, T는 임의의 점에서 유체온도, T_c는 유로 중심에서의 유체온도, u_m은 평균속도, y는 유로 중심에서 벽까지 측정한 거리(x에 수직), α는 평판표면온도와 유체혼합평균온도와의 차로 정의되는 열전달율, λ는 유체의 열전도율이다.

3.8 대기압의 공기를 33℃에서 23℃까지 냉각시키기 위해서 대기압의 얼음과 물의 혼합물이 들어 있는 수조 내에 설치한 하나의 동관 내에 이 공기를 흘려보내기로 하였다. 관의 내경은 41mm, 공기의 유량은 0.0202m^3/s이다. 필요한 관의 길이를 구하시오. 단, 관 외측 및 관벽 내의 열저항은 관 내측의 열저항에 비하여 극히 작기 때문에 무시한다.

3.9 여름의 뜨거운 태양 아래 주차 중인 자동차의 지붕을 생각하자. 대기는 30℃이고 바람이

없는 상태로 가정한다. 지붕은 태양으로부터의 일사량(지붕에 입사하는 지붕의 단위면적당의 태양에너지) 916W/m^2 중에서 45%를 흡수함과 동시에 자연대류에 의해 공기로 방사한다. 이때 지붕의 온도는 몇 도[℃]로 되어 있는지 추정하시오. 지붕을 1.5m × 1.0m의 장방형 수평평판으로 생각하여 계산하시오. 단, 지붕의 뒷면은 완전히 단열되어 있다고 가정한다. 또 지붕에서 주위로의 방사전열은 무시한다(제5장의 [연습문제 5.10] 참조).

3.10 20℃ 의 정지한 대기 중에 수평으로 배치된 외경 80mm인 동관 내를 1기압의 포화수증기가 흐르고 있다. 관에서의 열손실을 줄이기 위해서 관 바깥을 두께 60mm, 열전도율 0.14W/(m·K)의 보온재로 싸기로 한다. 관 내측 및 관벽 내의 열저항은 무시하고 관의 단위길이당 열손실을 구하시오.

제4장 상변화를 동반하는 열전달

4.1 상변화와 전열

물질에 상변화를 일으키기 위해서는 그 잠열에 상당하는 열량을 부가하거나 혹은 제거하여야만 한다. 따라서 상변화의 속도(예를 들면 단위시간당 얼음이 어느 정도 녹을까, 물이 어느 정도 증발할까 등)는 상변화를 계속 하고 있는 물질에 있어서 전열속도(단위시간당의 전열량)에 의해서 지배된다.

여기서는 여러 가지의 상변화 중에서 공업상 특별히 중요한 비등과 응축을 생각하고, 이들 현상에 따른 열전달을 생각한다. 비등열전달은 각종 보일러나 증기발생기, 증발기 등에서 그리고 응축열전달은 각종 응축기나 복수기 등에서 각각 이용되지만 작은 온도차로 큰 열량을 전달할 수 있기 때문에 이와 같은 기기들의 이용에 그치지 않고 높은 열유속의 가열이나 냉각에도 폭넓게 적용되고 있다.

4.2 비등열전달

4.2.1 비등의 현상과 분류

가열면 및 그 부근의 액체온도가 액체의 압력에 대응하는 포화온도보다 높고, 액체의 증발에 의해서 다수의 증기포(vapor bubble)가 발생하는 현상을 비등(boiling)이라 한다. 이때 가열면에서 액체로 열이 전달되는 현상을 비등열전달(boiling heat transfer)이라고 한다. 비등은 일반적으로 다음과 같이 분류된다.

(1) 유동형식에 의한 분류

(i) 풀비등(pool boiling)

정지액체 중에 가열면이 존재하고 있는 경우의 비등이다. 액체는 자연대류 및 기포의 성장과 이탈에 의해서만 운동한다.

(ii) 유동비등(flow boiling)

펌프 등에 의한 강제력 혹은 순환 루프에서 자연순환력으로 유동하고 있는 액체의 비등이다. 외부유동 비등과 관내류 비등이 있다.

(2) 액체 온도에 의한 분류

(i) 포화비등(saturated boiling)

체적액체(가열면 부근의 액체를 제외한 대부분의 액체)의 온도가 포화온도인 경우의 비등이다.

(ii) 서브쿨비등(subcooled boiling)

체적액체의 온도가 포화온도보다 낮은 경우의 비등이다. 이때 포화온도와 체적액체 온도와의 차이를 서브쿨도(degree of subcooling)라고 한다.

4.2.2 풀 비등열전달

(1) 비등양식과 전열특성

비등이 발생하고 있는 전열면의 열유속 q를 전열면 과열도(전열면 온도와 액체 포화온도와의 차, degree of superheat) ΔT_s에 대하여 나타낸 곡선을 비등특성곡선(boiling characteristic curve) 혹은 단순히 비등곡선(boiling curve)이라고 한다. 〈그림 4.1〉에 나타낸 전형적인 예에 의해서 전열면의 온도, 즉 전열면 과열도가 점점 커지는 경우에 나타나는 풀비등의 각 양식과 그 전열특성을 개략적으로 설명한다.

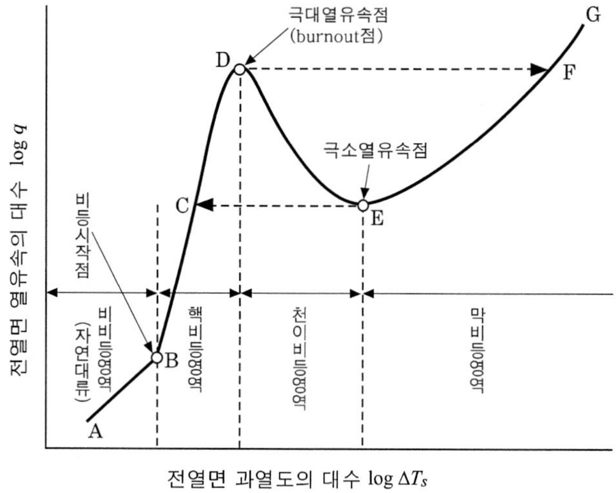

〈그림 4.1〉 비등특성곡선

〈그림 4.1〉의 AB 부분은 비등이 없는 액체 단상의 자연대류이고 전열면 온도가 포화온도보다 훨씬 높은 어떤 온도의 점 B에 도달하면 전열면 상에서 기포가 발생하기 시작한다. 이 점을 비등시작(onset of nucleate boiling, ONB)점이라 한다.

BD의 부분은 핵비등(nucleate boiling)이라고 부르는 비등양식의 영역이고 전열면 상의 발포점(nucleation site)에서 기포가 발생한다. 액체온도가 포화온도와 가까우면 발생한 기포는 전열면 상에서 성장한 후 전열면에서 이탈하지만, 액체온도가 포화온도보다 충분히 낮은 경우에 발생한 기포는 어떤 크기까지 성장한 후 그 자리에서 붕괴하고 만다. 핵비등에서는 이와 같은 기포에 의해서 열전달이 현저하게 증진된다. 전열면 과열도의 증가와 더불어 발포점의 수는 급속하게 많아지기 때문에, 전열면 과열도가 조금만 증가하면 열전달이 급격히 커지고 열유속이 대폭 증대하는 것이 핵비등열전달의 특징이다.

이와 같이 양호한 전열특성을 가진 핵비등은 극대열유속(maximum heat flux)점, 또는 번아웃(burnout)점, 혹은 한계열유속(critical heat flux)점으로 부르는 점 D에서 종료한다. 점 D를 넘어서 전열면 과열도를 더 크게 하면 열전달율이 작아지고 열유속은 저하하는 특이한 성질을 나타내는 천이비등(transition boiling)이라 부르는 비등양식이 된다. 더욱이 극소열유속(minimum heat flux)점, 또는 Leidenfrost점이라고 부르는 점 E 이상의 전열면 과열도에서 전열면은 연속적인 증기막으로 둘러 싸이고, 액체가 전열면과 직접 접촉하는 일은 없이 기포는 증기막과 액체와의 계면으로부터 발생하여 이탈하는 막비등(film boiling)이라 부르는 비등양식이 된다.

또 전기 가열과 같은 열유속 제어형의 가열 방식에서는 DE의 천이비등영역은 정상적으로는 실현 불가능하고, 핵비등영역에서 열유속을 올려서 점 D에 도달하면 전열면 온도는 막비등영역의 점 F의 온도까지 점프한다. 한편 막비등영역에서 이 가열방식에 의해서 열유속이 낮춰지면 점 E에 도달한 후 핵비등영역의 점 C로 점프한다.

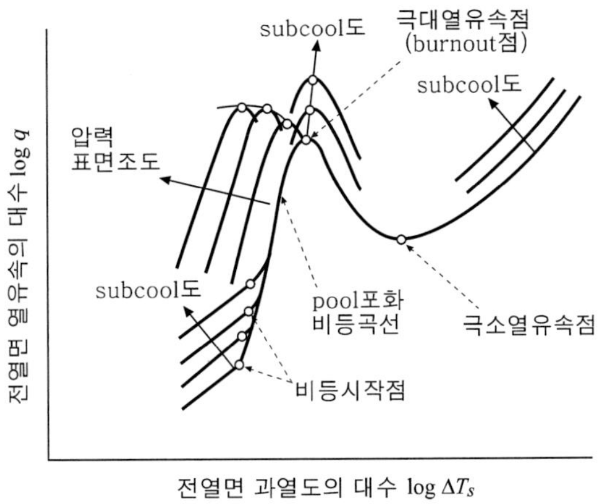

〈그림 4.2〉 풀 비등열전달에 미치는 인자들의 영향

풀 비등열전달에 미치는 제인자의 영향을 〈그림 4.2〉에 나타낸다. 기포가 발생하기 위해서는 먼저 그 핵이 존재하여야만 한다. 어떤 유한한 크기의 과열도에서 핵비등이 발생하기 위해서는, 어떤 값 이상의 반경을 가지는 기포핵(nucleus)이 필요하다. 전열면 과열도가 커지면 커질수록 유효한 기포핵의 반경 하한치가 작아지기 때문에 발포점의 수는 많아진다. 통상 이용되고 있는 전열면은 이상적인 거울면이 아니고 각종 미소한 긁힘이나 홈[이를 캐비티(cavity)라 총칭한다]이 존재하고 있어 핵비등에 있어서는 이 캐비티에서 기포가 발생한다. 이때 캐비티 내에 잡혀 있는 기체가 기포핵으로서 작용한다. 비등시작 시에는 캐비티 내에 부착하여 있는 공기 등의 기체가 유효한 기포핵이 되지만, 이들은 최초의 기포 이탈에 의해서 운반되어 없어진다. 기포의 성장과 이탈에 따라서 증기의 일부가 캐비티 내에 남아 있고 이것이 유효한 기포핵으로 작용함에 따라서 핵비등이 연속하여 발생하는 것이다. 전열면의 표면성상에 의해서 유효한 기포핵을 제공하는 캐비티의 분포가 다르기 때문에 기포 발생에 있어서는 핵비등열전달이 큰 영향을 받는다. 〈그림 4.2〉에 나타내는 것과 같이 일반적으로 평활면보다 거친면에 캐비티가 많이 존재하기 때문에 핵비등의 열전달은 커진다. 또 압력이 높아지면 동일한 전열면 과열도보다 작은 직경의 캐비티까지도 유효한 것이 되어 발포점의 수가 증가하기 때문에 열전달이 좋아진다. 액체가 서브쿨되어 있어도 발포점 수는 변하지 않기 때문에 완전하게 발달한 핵비등영역에서는 열유속도 변하지 않는다.

(2) 핵비등의 열전달율

통상 이용되고 있는 풀 비등열전달은 대부분의 경우가 핵비등이다. 포화핵비등의 열전달율을 예측하기 위한 식이 많이 제안되어 있지만 적용 범위와 정도의 점에서 확신을 가지고 추천할 수 있는 식은 아직 없다. 여기서는 대표적인 것으로서 다음 두 개의 식을 나타낸다.

Kutateladze의 식[(1)] :

$$\frac{\alpha D_L}{\lambda_l} = 7.0\times 10^{-4} Pr_l^{0.35}\left(\frac{qD_L}{\rho_v \Delta h_v \nu_l}\right)^{0.7}\left(\frac{PD_L}{\sigma}\right)^{0.7} \tag{4.1}$$

여기서,

$$D_L = \sqrt{\frac{\sigma}{g\ (\rho_l - \rho_v)}} \tag{4.2}$$

냉매에 관한 Stephan-Abdelsalam의 식[(2)] :

$$\frac{\alpha D_b}{\lambda_l} = 207\ Pr_l^{0.533}\left(\frac{qD_b}{\lambda_l T_s}\right)^{0.745}\left(\frac{\rho_v}{\rho_l}\right)^{0.581} \tag{4.3}$$

여기서,

$$D_b = 0.51\sqrt{\frac{2\sigma}{g\ (\rho_l - \rho_v)}} \tag{4.4}$$

이들의 식에서,

α : 열전달율[W/(m^2 · K)]

q : 전열면 열유속[W/m^2]

P : 압력[Pa]

T_s : 포화온도[K]

ρ_l : 포화액의 밀도[kg/m^3]

ρ_v : 건포화증기의 밀도[kg/m^3]

ν_l : 포화액의 동점성계수[m^2/s]

λ_l : 포화액의 열전도율[W/(m · K)]

Pr_l : 포화액의 Prandtl수

Δh_v: 증발잠열[J/kg]

σ : 표면장력[N/m]

g : 중력가속도[m/s^2]

위의 식에서 알 수 있는 것과 같이 풀포화핵비등의 열전달율 α는 열유속 q의 관수로서 일반적으로 다음과 같이 나타낼 수 있다.

$$\alpha = C_1 q^n \tag{4.5}$$

혹은 전열면 과열도 ΔT_s의 관수로서 나타내면,

$$\alpha = C_2 \Delta T_s^m \tag{4.6}$$

여기서,
$$\left.\begin{aligned} C_2 &= C_1^{1/(1-n)} \\ m &= \frac{n}{1-n} \end{aligned}\right\} \tag{4.7}$$

계수 C_1, C_2는 유체의 물성치나 전열면의 성질과 상태에 따라 다른 값을 가진다. 지수 n은 통상 2/3 ~ 4/5이다.

참고

풀서브쿨(pool subcool)핵비등의 경우에도 열전달율을 전열면온도와 포화온도의 차이로서 정의하면, 위에서 기술한 포화비등의 식을 그대로 적용할 수 있다.

(3) 극대열유속

앞에서 기술한 핵비등은 열전달율이 대단히 높고, 작은 온도차(전열면 과열도)에서 대단히 높은 열유속의 전열을 하고 있기 때문에 열소거 장치나 증기발생 장치를 이 핵비등영역에서 조작하는 것이 좋다. 전열면의 열유속 혹은 과열도가 극대열유속점 값 이상이 되면, 전열면온도의 이상상승 혹은 전열량의 저하 때문에 장치의 중대한 손상이나 동작불량을 일으키는 원인이 된다. 따라서 극대열유속점은 장치의 설계 혹은 조작상의 한계를 주는 중요한 점이다.

포화비등의 극대열유속 q_{max}에 관해서 예를 들면 Kutateladze는 다음의 식을 사용하고 있다[3].

$$\frac{q_{max}}{\Delta h_v \, \rho_v}\left[\frac{\rho_v^2}{\sigma \; g \; (\rho_l - \rho_v)}\right]^{0.25} = 0.16 \tag{4.8}$$

극대열유속은 계의 압력에 의해서 크게 변화하고, 일반적으로 환산압력이 0.3 부근에서 최대가 된다. 또 〈그림 4.2〉에 나타내는 것과 같이 서브쿨도가 클수록 극대열유속은 높아진다.

(4) 천이비등 및 막비등의 열전달

천이비등은 핵비등과 막비등이 시간적, 공간적으로 혼재하고 있는 비등양식으로 보아도 좋지만, 실험상 실현에 어려움이 있어서 아직 충분히 규명되지 않았고 열전달율을 예측하는 유용한 식도 없다.

원자로의 긴급냉각, 금속의 침탄처리, 고온강판의 냉각, 초저온 냉각 등과 관련하여 막비등열전달의 지식이 필요하다. 막비등에서는 전열면과 액체 사이에 연속적인 증기막이 형성되고, 전열면에서의 열은 증기막 내의 대류에 의해서 기액 계면에 전달되며 거기서 액체가 증발한다. 따라서 열전달율은 일반적으로 핵비등에 비해서 훨씬 작다. 이 대류전열은 기본적으로 뒤에서 설명하는 층류의 막상응축와 유사하고, 열전달율을 예측하기 위해서 응축이론과 마찬가지의 이론전개를 하여 이론식 혹은 반이론식을 얻고 있다. 막비등열전달은 전열면의 표면 거칠기의 영향은 받지 않지만 〈그림 4.2〉에 나타낸 것과 같이 서브쿨도가 커지면 양호하게 된다.

예제 4.1

온도가 120℃ 인 고체표면에서 압력 0.101MPa의 포화수가 비등하고 있다. 이때의 열전달율 및 전열면 열유속은 얼마가 되어 있을까?

풀이

압력 0.101MPa에서 포화수와 건포화증기의 물성치는 〈표 3.1〉 및 〈표 3.2〉로부터,

$$T_s = 100℃,\ \rho_l = 958.1\mathrm{kg/m^3},\ \nu_l = 0.2945\times10^{-6}\mathrm{m^2/s}$$
$$\lambda_l = 0.678\,\mathrm{W/(m\cdot K)},\ Pr_l = 1.756,\ \Delta h_v = 2.257\times10^6\,\mathrm{J/kg}$$
$$\sigma = 0.0589\,\mathrm{N/m},\ \rho_v = 0.5977\mathrm{kg/m^3}$$

핵비등이 발생하고 있다고 가정하여 식 (4.2)로부터,

$$D_L = \sqrt{\frac{0.0589}{9.807(958.1-0.6)}} = 2.504\times10^{-3}\mathrm{m}$$

식 (4.1)로부터,

$$\alpha = 7.0\times10^{-4}\times\frac{0.678}{2.504\times10^{-3}}\times1.756^{0.35}$$
$$\times\left(\frac{q\times2.504\times10^{-3}}{0.5977\times2.257\times10^6\times0.2945\times10^{-6}}\right)^{0.7}$$
$$\times\left(\frac{0.101\times10^6\times2.504\times10^{-3}}{0.0589}\right)^{0.7}$$

$$\therefore\ \alpha = 2.322\,q^{0.7} \tag{1}$$

한편,

$$\alpha = \frac{q}{T_w - T_s} = \frac{q}{120 - 100} \tag{2}$$

따라서 식 (1)과 식 (2)로부터,

$$\frac{q}{20} = 2.322\, q^{0.7}$$

$$q = (20 \times 2.322)^{1/0.3} = 3.6 \times 10^5 \mathrm{W/m^2}$$

$$\alpha = \frac{3.6 \times 10^5}{20} = 1.8 \times 10^4 \mathrm{W/(m^2 \cdot K)}$$

또 식 (4.8)로부터,

$$q_{max} = \frac{0.16 \times 2.257 \times 10^6 \times 0.5977}{\left[\dfrac{0.5977^2}{0.0589 \times 9.807(958.1 - 0.6)}\right]^{0.25}} = 1.35 \times 10^6 \mathrm{W/m^2}$$

식 (1)로부터,

$$\alpha_{max} = 2.322 \times (1.35 \times 10^6)^{0.7} = 4.5 \times 10^4 \mathrm{W/(m^2 \cdot K)}$$

$$\Delta T_{s\,max} = \frac{q_{max}}{\alpha_{max}} = \frac{1.35 \times 10^6}{4.5 \times 10^4} = 30\,℃ > \Delta T_s = 20℃$$

따라서, 현재의 비등은 핵비등이고 식 (4.1)을 적용하여도 좋다.

예제 4.2

내경 16.0mm, 외경 20.0mm인 동관 내를 평균온도 30℃의 물이 흐르고 있고 그 열전달율은 3200W/($\mathrm{m^2 \cdot K}$)이다. 관외에서는 온도 5℃의 냉매 R-22의 포화액이 비등을 하고 있다. 이

동관의 단위길이당 전열량을 구하시오. 단, 온도 5℃의 냉매 R-22의 물성치는 다음과 같다.

$$P_s = 0.55\mathrm{MPa},\ \rho_l = 1264\mathrm{kg/m^3},\ \nu_l = 0.158\times10^{-6}\mathrm{m^2/s}$$

$$\lambda_l = 0.0935\mathrm{W/(m\cdot K)},\ Pr_l = 2.53,\ \Delta h_v = 2.00\times10^5\mathrm{J/kg}$$

$$\sigma = 0.0107\mathrm{N/m},\ \rho_v = 25.6\mathrm{kg/m^3}$$

풀이

식 (4.4)로부터,

$$D_b = 0.51\sqrt{\frac{2\times0.0107}{9.807(1264-25.6)}} = 6.77\times10^{-4}\mathrm{m}$$

식 (4.3)으로부터,

$$\alpha = 207\times\frac{0.0935}{6.77\times10^{-4}}\times2.53^{0.533}$$
$$\times\left(\frac{q\times6.77\times10^{-4}}{0.0935\times278}\right)^{0.745}\times\left(\frac{25.6}{1264}\right)^{0.581}$$

$$\therefore\ \alpha = 1.87\,q^{0.745} \tag{1}$$

원관의 열통과 식, 식 (2.57) 또는 식 (2.60)과 식 (2.61)로부터,

$$q = \frac{Q}{A_o} = \frac{T_{b1}-T_{b2}}{\dfrac{1}{\alpha_i}\dfrac{R_o}{R_i}+\dfrac{R_o}{\lambda_w}\ln\dfrac{R_o}{R_i}+\dfrac{1}{\alpha}}$$

$$= \frac{30-5}{\dfrac{1}{3200}\times\dfrac{10.0}{8.0}+\dfrac{0.0100}{372}\ln\dfrac{10.0}{8.0}+\dfrac{1}{\alpha}}$$

단, 동의 열전도율은 〈표 2.1〉로부터 372[W/(m·K)]로 하였다. 이 식을 정리하면,

$$q = \frac{25}{0.0003966 + \dfrac{1}{\alpha}} \tag{2}$$

식 (1)과 식 (2)를 반복하여 계산하여 푼다. q의 최초의 가정치는 식 (2)에서 $1/\alpha = 0$으로 한 q의 값을 이용한다.

q(가정)	α[식 (1)로부터]	q[식 (2)로부터]
6.30×10^4	7.04×10^3	4.64×10^4
4.64×10^4	5.60×10^3	4.35×10^4
4.35×10^4	5.34×10^3	4.28×10^4
4.28×10^4	5.28×10^3	4.27×10^4
4.27×10^4	5.27×10^3	4.26×10^4
4.26×10^4	5.26×10^3	4.26×10^4

$$\therefore\ q = 4.26 \times 10^4 \mathrm{W/m^2} \qquad \alpha = 5.26 \times 10^3 \mathrm{W/(m^2 \cdot K)}$$

$$\frac{Q}{L} = \pi D_o q = \pi \times 0.0200 \times 4.26 \times 10^4 = 2.7 \times 10^3 \mathrm{W/m} = 2\mathrm{kW/m}$$

또 관의 외면에서 과열도 $\Delta T_s (= T_w - T_s)$는,

$$\Delta T_s = \frac{q}{\alpha} = \frac{4.26 \times 10^4}{5.26 \times 10^3} = 8.1℃$$

식 (4.8)로부터,

$$q_{max} = \frac{0.16 \times 2.00 \times 10^5 \times 25.6}{\left[\dfrac{25.6^2}{0.0107 \times 9.807(1264 - 25.6)}\right]^{0.25}} = 5.47 \times 10^5 \mathrm{W/m^2}$$

식 (1)로부터,

$$\alpha_{max} = 1.87 \times (5.47 \times 10^5)^{0.745} = 3.52 \times 10^4 \mathrm{W/(m^2 \cdot K)}$$

$$\Delta T_{s\max} = \frac{q_{\max}}{\alpha_{\max}} = \frac{5.47 \times 10^5}{3.52 \times 10^4} = 15.5\,℃ \; > \Delta T_s = 8.1℃$$

따라서 냉매의 비등은 핵비등이고 식 (4.3)을 적용하여도 좋다.

4.2.3 외부유동 비등열전달

유동하고 있는 액체 중에 놓여진 평판이나 원주 등의 가열물체 표면에서 비등열전달은 〈그림 4.3〉에 나타내는 것과 같이 풀비등의 경우와 마찬가지이다. 풀비등의 경우와 거의 동일한 전열면 과열도 ΔT_s에서 핵비등이 시작되고 액체의 강제대류와 핵비등 양쪽으로 열전달이 일어나는 것이 된다(그림 중의 부분 핵비등으로 표시한 영역). 전열면 과열도 혹은 열유속이 충분히 큰 경우에는 발달한 핵비등이 된다. 이 영역에서 유속의 영향은 무시할 수 있고 열전달율은 풀핵비등의 열전달 예측식으로부터 산출할 수 있다. 유속이 클수록 극대열유속은 커지고 그림에는 나타나 있지 않지만 막비등영역의 열전달도 양호해진다.

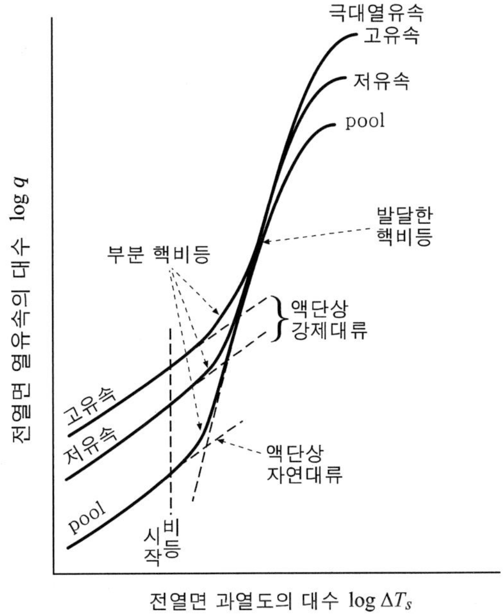

〈그림 4.3〉 외부유동 비등의 전열특성

4.2.4 관내류 비등열전달

(1) 수직관내 비등

관내류 비등에서는 발생한 증기가 관내를 액체와 함께 흘러가기 때문에 흐름방향으로 증기의 질량유량비 즉, 건도(quality)가 증가하고 이에 따라 기액2상유동양식(two phase flow pattern)이 변화한다. 관내류 비등열전달은 이 기액2상유동양식과 밀접하게 관련하고 있다.

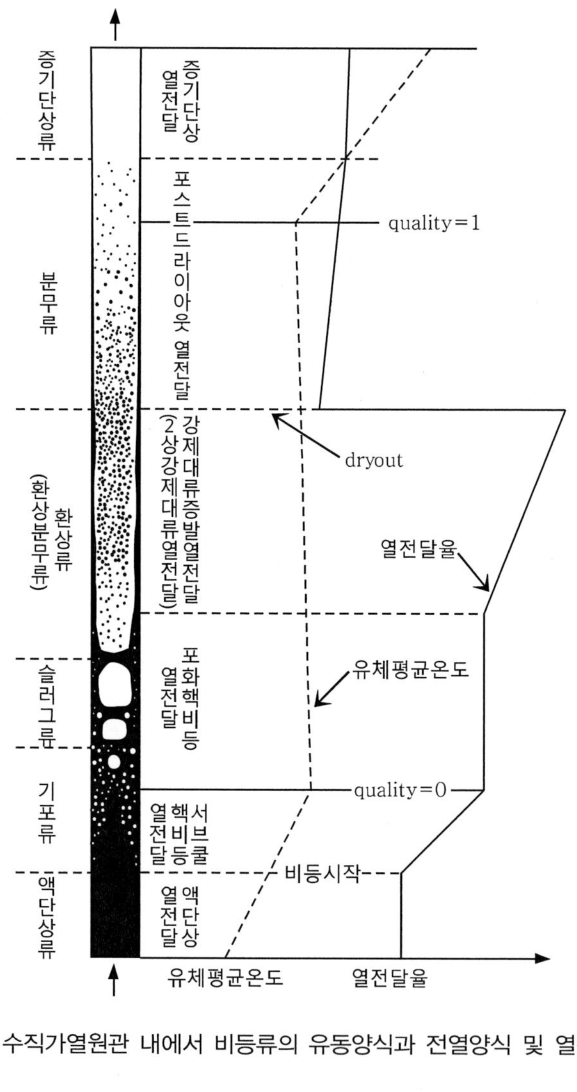

〈그림 4.4〉 수직가열원관 내에서 비등류의 유동양식과 전열양식 및 열전달율의 변화

〈그림 4.4〉는 수직으로 놓여진 긴 가열 원관의 하단으로 서브쿨액체(subcooled liquid)가 유입되고 상단으로 과열증기가 나가는 경우에 대해서, 관내 기액2상유동양식과 전열양식 및 유체의 혼합평균온도와 국소열전달율의 변화를 개념적으로 나타낸 것이다. 유동양식의 변화에 따라서 전열양식도 변화하기 때문에 관 내의 열전달율이 관 길이에 따라 그림에서 나타낸 것과 같이 변화한다. 관 입구 부분에서는 액체단상의 강제대류에 의해 액체에 열이 전달된다. 이때의 열전달율은 관 길이를 따라서 거의 일정하다(3.3.4절 참조). 액체온도의 상승에 따라서 관 내면 온도가 상승하고 이것이 포화온도 이상의 어떤 값에 도달하면, 관 내면 상에서 기포가 발생하기 시작하고 서브쿨핵비등이라고 부르는 전열양식이 된다. 액체의 서브쿨도가 큰 경우에는 기포의 존재가 관 내면 근방에 한정되지만 관 길이를 따라서 서브쿨도가 감소하면 관 내면을 이탈한 기포가 관 중심부까지 존재할 수 있게 된다. 액체온도가 포화온도에 도달한 점 이후는 포화비등이라고 부른다.

서브쿨영역과 건도가 낮은 영역에서 유동양식은 액체 중에 기포가 분리되어 흐르는 기포류(bubble flow) 및 기포가 합체하여 된 큰 기포(이것을 기체 슬러그라고 한다)와 액체덩어리(액체 슬러그)가 교대로 흐르는 슬러그류(slug flow)이다. 이 경우의 전열은 주로 핵비등에 의해서 이루어진다. 건도가 증가하면 관 내면 상에 환상의 액막이 형성되고 증기는 관 중심부를 흐르는 환상류(annular flow)가 된다. 이때 관 중심부의 증기류에는 통상 다수의 액적이 동반되어 있기 때문에 환상분무류(annular mist flow)라고도 부른다. 환상류 또는 환상분무류의 유동양식이 되면, 관 내면 상의 액막이 충분하게 두꺼울 때는 액막 내에서 핵비등이 발생하지만 액막이 얇아지면 액막을 통한 강제대류에 의해서 열이 관 내면에서 액막 표면까지 전해진다. 따라서 액체가 증발하는 강제대류 증발열전달(forced convective evaporation heat transfer)이 지배적으로 일어난다. 즉, 얇은 액막을 통한 강제대류의 전열은 극히 양호하기 때문에, 관 내면 과열도는 기포핵의 생성에 필요한 과열도보다 낮아지게 되고 핵비등은 억제되어 버린다. 이 전열양식은 2상강제대류열전달(two-phase forced convection heat transfer)이라고도 부른다. 더욱 건도가 증가하면 액막이 소실되거나 파단된다. 이러한 것을 일반적으로 드라이아웃(dryout)이라 한다. 이 드라이아웃이 발생하면 증기가 관 내면과 직접 접촉하게 되기 때문에 전열이 급격하게 낮아진다. 드라이아웃 이후에는 증기류 중에 액적이 포함된 분무류(mist flow)가 되고, 이 영역의 전열을 포스트 드라이아웃 열전달(post dryout heat transfer)이라 부른다. 더욱 흐름이 진행되어 증기류 중에 포함되어 있는 액적이 완전히 증발해 버리면 과열증기 단상의 강제대류열전달이 된다.

열유속이 높은 경우에는 환상류의 얇은 액막 내에서도 핵비등이 발생하기 쉬워짐에 따라서 핵비등영역에서 강제대류 증발영역으로의 이행은 보다 높은 건도에서 발생하게 된다. 더욱 열유속이 커지면 핵비등영역에서 강제대류 증발영역으로 변화하지 않고 낮은 건도에서 핵비등에서 막비등으로 이행하여 전열이 급격히 나빠진다. 이 핵비등에서 막비등으로의 이행을 DNB(departure from nucleate boiling)이라 부른다.

열유속 혹은 건도가 어떤 값에 도달하여 드라이아웃이나 DNB가 발생하면 열전달율이 급격히 저하하기 때문에 열유속제어형의 가열방식의 경우에는 관벽 온도가 급상승하고, 관벽 온도제어형의 가열방식에서는 전열량이 급감한다. 주어진 조건하에서 드라이아웃과 DNB가 발생하는 최소의 열유속 혹은 건도를 각각 한계열유속(critical heat flux, CHF) 혹은 한계건도(critical quality)라고도 부른다. 또 드라이아웃과 DNB를 총칭하여 비등위기(boiling crisis) 또는 번아웃(burnout)이라고 부르기도 한다.

이상과 같은 전열양식이 발생하는 영역을 열유속과 건도의 좌표 상에 도식적으로 나타내면 〈그림 4.5〉와 같이 된다. 이 그림으로부터 열유속 혹은 건도가 변화하면 관내류 비등의 전열양식이 어떻게 변할지 개념적으로 파악할 수가 있다. 그림 중의 화살표는 유량이 커질 경우에 전열양식의 각 경계가 어느 방향으로 이동하는지를 나타내고 있다.

한계열유속 또는 한계건도는 관내류 비등이 발생하고 있는 장치의 안전상 혹은 성능상 특별히 중요하다. 〈그림 4.5〉에 정성적으로 나타내는 것과 같이 한계열유속은 건도의 증가와 함께 저하하는 경향을 가지고 있다. 따라서 균일하게 가열되는 관에서는 건도가 가장 커지는 관출구에서 먼저 한계상태가 발생한다. 동일한 건도의 점에서 한계상태가 발생하는 경우를 생각하면, 일반적으로 드라이아웃에서는 유량이 클수록, DNB에서는 유량이 작을수록 한계열유속은 낮아진다.

〈그림 4.5〉에 나타낸 각 열유속의 값 a～d에서 건도에 대한 열전달율의 변화는 〈그림 4.6〉에 나타낸 것과 같다. 또 〈그림 4.5〉와 〈그림 4.6〉에서 a와 b의 중간 정도의 열유속인 경우가 〈그림 4.4〉에 상당한다.

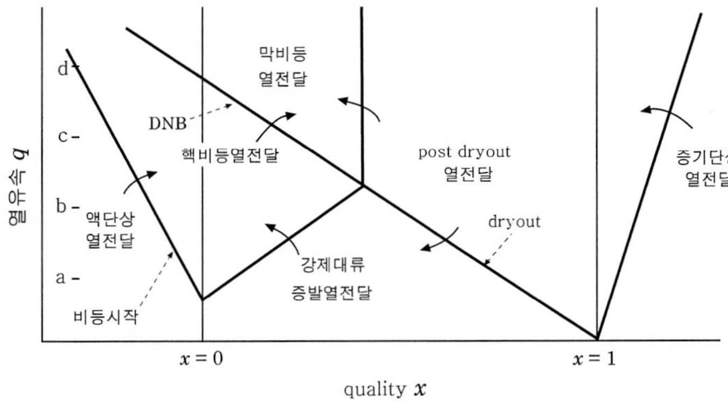

〈그림 4.5〉 수직관내류 비등에서 각 전열양식의 발생 영역

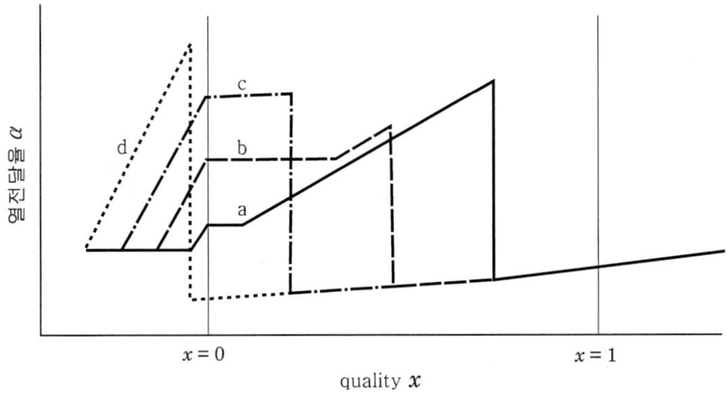

〈그림 4.6〉 수직관내류 비등에서 열전달율의 변화(그림 4.5에 대응)

(2) 수평관내 비등

수평관내 비등류에서는 중력의 작용으로 기액이 상하로 분리되어 흐르는 경향이 있기 때문에, 관축에 대칭한 기액 분포로 되어 있다고 보는 수직관의 경우보다 유동양상이 복잡하다. 〈그림 4.7〉은 수평관내의 저유량과 고유량일 경우의 기액2상유동양식의 전형적인 예를 나타낸다. 전열양식은 위에서 서술한 수직관의 경우와 기본적으로 같지만 수평관에서는 그 외에 관 전체가 액체로 차 있는 흐름인지 혹은 관 위쪽 면이 건조하여 흐르고 있는지에 따라 원주방향 평균열전달율 즉, 전열량이 크게 달라진다.

저유량 혹은 저건도에서는 기액이 상하로 분리되어 층상류(stratified flow)와 파상류(wavy flow)의 유동양식이 되고, 관 위쪽의 내면은 직접 증기와 접하고 있어 실제 전열에 기여하는 것은 액체로 젖어 있는 관 아래쪽 부분만이다. 이와 같은 경우의 원주방향 평균열전달율은 젖은 면적의 비율에 의해서 좌우되고 전체 둘레가 젖어 있는 경우의 열전달율보다 상당히 낮아진다.

유속이 커서 관성력이 중력의 작용을 넘어서게 되면 관 전체 둘레가 액체로 젖게 된다. 이 경우에도 특히 고유량이 아니면 환상류에서 액막 두께가 불균일(관 상단 부분에서 최소, 바닥 부분에서 최대)하게 되거나 기포류나 슬러그류에서 증기가 관의 위쪽으로 편중되어 흐른다. 따라서 드라이아웃과 DNB는 먼저 관 상단 부분에서 발생한다.

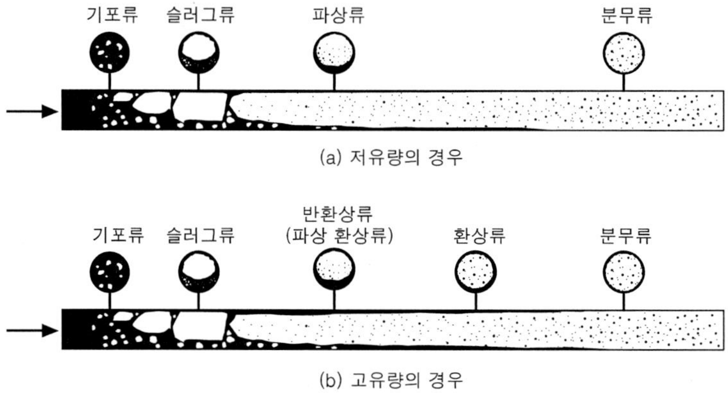

〈그림 4.7〉 수평가열원관 내에서 비등류의 유동양식

(3) 관내류 비등의 열전달율

관내류 비등에서 드라이아웃이 발생할 때까지의 전열은 일반적으로 액체의 핵비등과 강제대류에 의해서 이루어진다. 전자가 지배적인 영역이 핵비등영역이고, 후자가 지배적인 영역이 강제대류 증발영역이다. 높은 열유속, 낮은 질량속도 혹은 낮은 건도에서는 핵비등이 지배적으로 일어나고, 열전달율은 열유속에 크게 의존하지만 질량속도와 건도의 영향은 작다. 한편, 낮은 열유속, 높은 질량속도 혹은 높은 건도에서는 강제대류가 지배적으로 일어나고, 열전달율은 질량속도와 건도에 의해서 변화하지만 열유속에는 거의 관계하지 않는다.

이와 같은 관내류 비등의 열전달율은 일반적으로 다음의 형태로 나타난다.

$$\alpha = S\,\alpha_B + F\alpha_C \tag{4.9}$$

여기서 α_B는 풀핵비등의 열전달율, α_C는 액단상류의 열전달율, S는 강제대류에 의해 핵비등이 억제되는 효과를 고려한 핵비등의 비율을 나타내는 계수, F는 기액 2상류에서 액단상류보다도 유속이 커지기 때문에 열전달이 증진되는 정도를 나타내는 계수이다. 관 내면 열유속이 크고 건도가 작은 경우에는 식 (4.9)에서 제1항의 핵비등 항이, 또 유량이 크고 건도가 큰 경우에는 제2항의 강제대류항이 각각 지배적인 큰 값을 가지게 된다. 계수 S와 F에 관하여 여러 식이 제안되어 있지만 여기서는 생략한다.

예제 4.3

일정하게 가열되고 있는 내경 20.4mm, 길이 3.80m인 수직증발관내에 압력 1.0MPa의 포화수가 유입되고 있다. 이 경우의 한계열유속 q_c[kW/m^2]는 건도 x와 질량속도 G[kg/(m$^2\cdot$s)]의 관수로서 다음 식과 같다고 한다.

$$q_c = 218\,G^{1/3} - 1.56\,Gx$$

질량속도가 1000kg/(m$^2\cdot$s)인 증발관에서 번아웃을 발생시키지 않기 위해서는 관 내면의 열유속은 얼마 이하로 하면 좋을까? 그리고 이 경우에 달성되는 최대의 관출구 건도는 얼마가 될까? 또 질량속도가 2000kg/(m$^2\cdot$s)인 경우 이들의 열유속과 출구 건도는 어떻게 될까?

풀이

일정하게 가열되고 있는 관에서 한계상태는 먼저 관출구에서 발생한다. 따라서 관출구의 건도를 x_e로 하면, 위의 주어진 식으로부터,

$$q_c = 218\,G^{1/3} - 1.56\,Gx_e \tag{1}$$

현재는 x_e를 알 수 없기 때문에 식 (1)만으로 한계열유속 q_c를 바로 구할 수는 없다. 즉, 또 다른 하나의 관계식이 필요하다. 그것은 증발관의 출입구 사이에서 열수지를 나타내는 다음 식이다.

$$\frac{\pi}{4}D^2\,G\,h_i + \pi D\,L\,q_c = \frac{\pi}{4}D^2 G\,h_e$$

여기서 D와 L은 각각 관의 내경과 길이, h_i와 h_e는 각각 관 입구와 출구에서 유체의 비엔탈피이고, 이들은

$$h_i = h_l \quad (h_l : \text{포화수의 비엔탈피})$$

$$h_e = h_l + \Delta h_v x_e \quad (\Delta h_v : \text{증발잠열})$$

이기 때문에, 위의 열수지의 식은 다음과 같다.

$$L\,q_c = \frac{D}{4}\,G\,\Delta h_v\,x_e$$

위의 식에 $L = 3.8\text{m}$, $D = 0.0204\text{m}$, $\Delta h_v = 2.013\times 10^6 \text{J/kg} = 2013\text{KJ/kg}$〈표 3.1〉을 대입하면,

$$3.80\,q_c = 10.27\,G x_e \tag{2}$$

식 (1)과 식 (2)를 연립하여 풀면,

$$q_c = 138\,G^{1/3}$$

$$x_e = 51.1\,G$$

$G = 1000\,\text{kg/(m}^2\cdot\text{s)}$일 때 $q_c = 1.38\times 10^3 \text{kW/m}^2$, $x_e = 0.511$

$G = 2000\,\text{kg/(m}^2\cdot\text{s)}$일 때 $q_c = 1.74\times 10^3 \text{kW/m}^2$, $x_e = 0.322$

따라서 질량속도가 1000 및 $2000\text{kg/(m}^2\cdot\text{s)}$인 경우, 열유속은 각각 1.38×10^3 및 1.74×10^3 kW/m^2 이하가 되면 좋고, 달성될 수 있는 최대의 관 출구 건도는 한계열유속일 때이기 때문에 각각 0.511 및 0.322이다.

4.3 응축열전달

4.3.1 응축의 현상과 분류

증기가 상변화를 하여 액체가 되는 현상을 일반적으로 응축(condensation)이라고 한다. 이중 주로 문제가 되는 것은 증기가 포화온도보다 낮은 온도의 고체표면에 접촉하여 발생하는 응축이다. 이때 증기는 잠열을 방출하고 고체면(냉각면)으로 열이 전달된다. 발생한 응축액(condensate)은 중력의 작용으로 냉각면 상을 흘러내린다. 이와 같은 응축에는 다음의 두 가지의 형태가 있다.

(1) 막상응축(film condensation)

냉각면이 젖기 쉬운 경우에 나타나는 응축으로 응축액은 냉각면 상에서 연속하여 막을 형성하고 이 액막의 표면에서 증기가 응축한다. 실제로 많은 경우에 발생한 응축은 이 형태이다.

(2) 적상응축(dropwise condensation)

냉각면이 젖기 어려운 경우에 발생하는 응축으로 증기는 냉각면 상에서 반구 형태의 액적을 형성하여 응축한다.

여기서는 실용적인 관점에서 주로 막상응축에 관하여 설명한다. 포화증기가 막상응축을 하는 경우에 증기와 냉각면 사이의 온도차는 응축액막 내에서만 존재한다. 즉 액막을 통한 열저항만이 응축열전달을 지배하고 있다. 따라서 액막의 두께 및 액막 내의 흐름 상태에 따라서 응축열전달율이 결정된다. 액막의 두께와 흐름 상태는 액막의 흐름을 일으키는 힘에 따라서 달라진다. 이 흐름을 일으키는 힘의 종류에 따라서 막상응축은 다음의 세 가지로 분류된다.

(i) 체적력대류응축

정지 혹은 저유속의 증기가 응축하는 경우가 여기에 상당한다. 액막에 작용하는 체적력(중력 등)에 의해서 액막의 흐름이 발생된다. 다음의 4.3.2절에서 서술하는 것과 같이 액막의 상태는 체적력과 점성력 혹은 액막유량에 의해서 결정된다.

(ii) 강제대류응축

큰 유속의 증기가 응축하는 경우가 여기에 상당한다. 액막 표면에 작용하는 증기류에 의한 전단력에 의해서 액막의 흐름이 발생된다. 따라서 액막의 상태는 이 전단력에 지배된다.

(iii) 공존대류응축

응축 액막에 미치는 체적력과 증기류에 의한 전단력의 영향이 같은 정도의 응축, 즉 체적력대류응축과 강제대류응축의 중간 조건에서 발생하는 응축이다.

또 막상응축의 열전달은 기포가 발생하여 현상이 복잡한 비등의 경우와는 달리 위에서 설명한 것과 같이 액막류가 어떻게 될 것인가만을 고려하면 이론적으로는 취급하기가 비교적 용이하다(다음의 4.3.2절 참조). 상변화와 열이동의 방향은 반대이지만 막상응축과 비등을 동반하지 않는 액막의 증발은 동일한 이론적 취급이 가능하다.

4.3.2 체적력대류 응축열전달

(1) 수직벽의 경우

정지해 있거나 저속으로 흐르고 있는 순수한 포화증기가 높이 L인 수직한 냉각면 상에서 막상응축을 하는 경우를 생각해 보자.

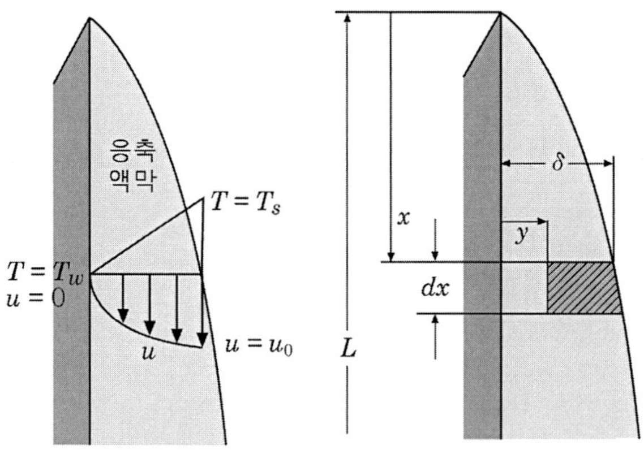

〈그림 4.8〉 수직벽면 상의 체적력대류응축

〈그림 4.8〉과 같이 좌표 x와 y를 잡는다. 아래로 흐르고 있는 응축 액막의 흐름은 층류로 되어 있다고 한다. 액막과 증기와의 계면(액막 표면)에서 증기는 응축하여 액체가 되고 그것이 아래로 흘러가기 때문에 액막의 두께 δ는 냉각면의 상단에서 영(0)이 되고 상단에서 거리 x와 함께 점차적으로 증가한다. 이 경우의 열전달은 다음과 같이 이론적으로 해석이 가능하다.

가정 ① 기액계면($y = \delta$)에서 전단력은 무시할 수 있다.

② 액막 내의 대류에 의한 열수송은 무시할 수 있고, 열은 전도만으로 전달된다. 따라서 액막 내의 두께방향 (y방향)의 온도는 기액계면에서 포화온도 T_s로부터 벽면의 온도 $T_w (< T_s)$까지 직선적으로 변화하고 있다.

냉각면의 폭방향으로 액막은 일정한 상태로 되어 있다고 볼 수 있기 때문에, 이하의 해석에서는 냉각면의 단위폭당으로 생각한다.

기액계면에서 증기가 응축하여 액체가 될 때 방출하는 응축잠열은 위의 가정 ②로부터 y방향의 열전도에 의해서 액막 내를 이동하여 냉각면으로 전달된다. 지금 미소한 높이 dx의 부분에 대해서 생각해 보면, 이 전열량 dQ_x는 액막 내에서 직선 온도분포를 가정하고 있기 때문에,

$$dQ_x = \lambda_l \frac{\partial T}{\partial y}\Big|_{y=0} dx = \lambda_l \frac{T_s - T_w}{\delta} dx \quad [\mathrm{W/m}] \tag{4.10}$$

여기서, λ_l : 응축액의 열전도율[W/(m·K)]

한편 이 경우의 국소열전달율 α_x는 다음으로 정의된다.

$$dQ_x = \alpha_x (T_s - T_w) dx \quad [\mathrm{W/m}] \tag{4.11}$$

식 (4.10)과 식 (4.11)로부터,

$$\alpha_x = \frac{\lambda_l}{\delta} \quad [\mathrm{W/(m^2 \cdot K)}] \tag{4.12}$$

따라서, 임의의 점 x에서 액막 두께 δ를 알면 국소열전달율 α_x를 구할 수가 있다. δ는 다음과 같이 구할 수 있다.

액막 내의 미소체적요소 $dx \times (\delta - y) \times 1$(〈그림 4.8〉에서 사선으로 칠한 부분)에 작용하는 x방향의 힘은, 앞의 가정 ①로부터 중력과 $y = y$의 면에 작용하는 전단력(점성력)만이고 이들 힘의 평형을 고려하면

$$\rho_l \, \mathrm{g} \, (\delta - y) \, dx = \mu_l \frac{du}{dy} dx \tag{4.13}$$

여기서, u : 응축액의 유하속도[m/s]

ρ_l : 응축액의 밀도[kg/m^3]

μ_l : 응축액의 점성계수[Pa·s]

g : 중력가속도[m/s^2]

또 증기의 밀도는 액체의 밀도에 비하여 일반적으로 대단히 작기 때문에 증기와의 밀도차에 의한 부력은 무시하고 있다. 즉 $(\rho_l - \rho_v)\,\mathrm{g} \simeq \rho_l \, \mathrm{g}$ 로 하고 있다.

경계조건 $y = 0$; $u = 0$를 고려하여 식 (4.13)을 적분하면,

$$u = \frac{\rho_l \, \mathrm{g}}{\mu_l} \left(\delta y - \frac{1}{2} y^2 \right) \quad [\mathrm{m/s}] \tag{4.14}$$

따라서, 상단에서 거리 x의 단면에서 단위폭당 응축액의 질량유량 Γ는,

$$\Gamma = \rho_l \int_0^\delta u dy = \frac{\rho_l^2 \, \mathrm{g} \, \delta^3}{3\mu_l} \quad [\mathrm{kg/(m \cdot s)}] \tag{4.15}$$

x와 $x + dx$의 사이에서 증가하는 응축액의 양 $d\Gamma$는,

$$d\Gamma = \frac{d\Gamma}{dx} dx = \frac{d\Gamma}{d\delta} \frac{d\delta}{dx} dx = \frac{\rho_l^2 \, \mathrm{g} \, \delta^2}{\mu_l} d\delta \tag{4.16}$$

dx의 부분에서 응축에 의해서 방출되는 열량 dQ_{cx}는, 응축액의 현열을 무시하면 이 응축액 유량의 증가분 $d\Gamma$에 응축잠열 Δh_v를 곱한 것이다. 즉,

$$dQ_{cx} = \frac{g\,\rho_l^2 \triangle h_v\,\delta^2 d\delta}{\mu_l} \quad [\mathrm{W/m}] \tag{4.17}$$

$dQ_{cx} = dQ_x$이기 때문에 식 (4.10)과 식 (4.17)로부터,

$$\frac{g\,\rho_l^2 \triangle h_v\,\delta^2\,d\delta}{\mu_l} = \lambda_l \frac{T_s - T_w}{\delta}\,dx \tag{4.18}$$

경계조건 $x = 0$; $\delta = 0$에서 식 (4.18)을 적분하면,

$$\delta = \left[\frac{4\,\mu_l\,\lambda_l\,x(T_s - T_w)}{g\,\rho_l^2 \triangle h_v}\right]^{1/4} \quad [\mathrm{m}] \tag{4.19}$$

이것이 액막두께 δ를 나타내는 식이다. 이것을 식 (4.12)에 대입하면,

$$\alpha_x = \left[\frac{g\,\rho_l^2\,\lambda_l^3 \triangle h_v}{4\,\mu_l\,x(T_s - T_w)}\right]^{1/4} \quad [\mathrm{W/(m^2 \cdot K)}] \tag{4.20}$$

벽면온도 T_w가 일정하면 평균열전달율 α는,

$$\alpha = \frac{1}{L}\int_0^L \alpha_x\,dx \tag{4.21}$$

이기 때문에,

$$\begin{aligned}\alpha &= \frac{4}{3}\left[\frac{g\,\rho_l^2\,\lambda_l^3 \triangle h_v}{4\,\mu_l L(T_s - T_w)}\right]^{1/4} \\ &= 0.943\left[\frac{g\,\rho_l^2\,\lambda_l^3 \triangle h_v}{\mu_l L(T_s - T_w)}\right]^{1/4} \quad [\mathrm{W/(m^2 \cdot K)}]\end{aligned} \tag{4.22}$$

이상의 이론해석은 최초로 Nusselt가 한 것[(4)]으로 식 (4.20)과 식 (4.22) 및 다음에 나오는

식 (4.24)는 Nusselt의 식으로 널리 알려져 있다.

이상은 응축 액막이 층류인 경우이다. 다음에 나타내는 식 (4.23)으로 정의되는 액막 Reynolds 수 Re_f가 약 30 이하에서 액막은 완전한 층류이고, 식 (4.20) 혹은 식 (4.22)로부터 열전달율을 산출할 수가 있다. 그러나 하류로 흘러감에 따라 액막 유량이 증가하고, 이에 따라서 Re_f가 커지고, Re_f가 약 30보다 커지면 층류이지만 액막 표면에는 파도가 나타나는 파상류가 된다. 이때의 열전달율은 식 (4.20) 및 식 (4.22)로 계산되는 값보다 훨씬 커진다.

$$Re_f = \frac{4\,u_m\,\delta}{\nu_l} = \frac{4\,\Gamma}{\mu_l} \tag{4.23}$$

여기서, u_m : 응축액막의 단면평균유속[m/s]

ν_l : 응축액의 동점성계수[m²/s]

더욱 Re_f가 1200~1800 정도 이상이 되면, 액막은 난류로 천이되고 열전달율은 더욱 커진다. 이들 각각의 경우에 대해서 열전달율의 예측식이 제안되어 있지만 여기서는 생략한다.

(2) 경사벽의 경우

경사벽면이 수평과 이루는 각을 φ로 하면 수직벽에 관한 식에서 g 를 $g\sin\varphi$로 바꾸면 된다.

(3) 수평원관 외면의 경우

수평원관의 외면에서 체적력대류응축이 발생하고 있는 경우에, 응축 액막은 관의 외주를 따라서 흘러내린다. 이 경우 액막의 흐름방향 거리는 짧기 때문에 액막은 통상 전체 영역에서 층류가 되고, 앞에서 설명한 이론 해석과 같은 방법으로 구할 수 있는 다음 식에 의해 평균열전달율 α를 산출할 수가 있다.

$$\alpha = 0.725\left[\frac{g\,\rho_l^2\,\lambda_l^3\,\Delta h_v}{\mu_l D(T_s - T_w)}\right]^{1/4} \quad [\mathrm{W/(m^2 \cdot K)}] \tag{4.24}$$

여기서, D ; 관의 외경[m]

(4) 수평원관군의 경우

수평원관이 수직방향으로 쌓여 있는 관군의 응축에서는 〈그림 4.9〉에 나타내는 것과 같이 위 방향의 관에서 발생한 응축액이 아래 방향의 관 위로 떨어짐에 따라서, 아래 방향 관 외면 위의 액막 유량이 증가하고 액막이 두꺼워진다. 이것을 '인언데이션(inundation)'이라고 한다. 이 때문에 아래 방향 관에서 응축열전달율은 저하한다. 수직방향으로 n단의 수평관군 전체의 평균열전달율 α는 다음과 같이 나타낼 수 있다[5].

$$\alpha = \alpha_1 n^{-m} \quad [\mathrm{W/(m^2 \cdot K)}] \tag{4.25}$$

여기서, α_1 : 식 (4.24)로부터 산출된 단관의 평균열전달율[W/(m^2 · K)]

$m = 0.16$ (정열배열)

$m = 0.08$ (어긋난배열)

정열배열의 관군에서 체적력대류응축의 경우 낙하액이 연속적으로 시트형태를 이루고 있으면(〈그림 4.9〉의 (a)), 이론적으로 $m = 0.25$로 유도된다. 하지만 실제로는 액적상태 혹은 분류상태로 낙하하기 때문에 아래 방향 관의 액막이 흐트러지거나 튀어서(〈그림 4.9〉의 (b) 및 (c)), 인언데이션에 의한 전열악화의 영향이 완화된다. 따라서 실제로는 $m = 0.16$ 정도가 되고 계산에는 이 값을 이용하는 것이 좋다. 어긋난배열에서는 정열배열보다도 일반적으로 인언데이션 영향이 작고(〈그림 4.9〉의 (d)) $m = 0.08$ 정도로 생각해도 좋다.

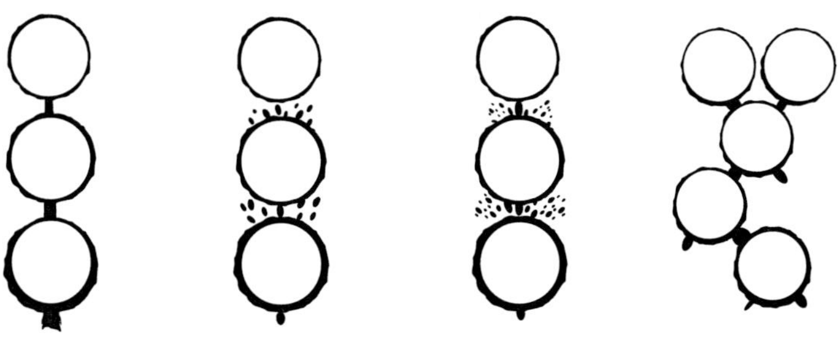

(a) (b) (c) (d)

〈그림 4.9〉 수평관군에서 응축액의 인언데이션

참고

일반적으로 증기 중에 공기 등의 불응축가스가 포함되어 있으면, 증기의 응축이 발생하는 기액계면의 부근에서 기체 중 불응축가스의 농도가 높아지기 때문에 증기의 응축이 저해되고 열전달율은 현저하게 저하한다. 따라서 응축기의 설계 등에서는 이 점에 대한 주의가 필요하다.

예제 4.4

외경 2.50cm, 길이 60cm인 수평관이 수직방향으로 4개, 수평방향으로 6개, 정열배열로 되어 있다. 그 표면에서 100℃의 포화수증기가 막상으로 응축하고 있다. 관의 표면온도가 90℃일 때 단위시간당 응축량을 구하시오.

풀이

$(100+90)/2 = 95$ ℃의 압축수(응축액)의 물성치는 〈표 3.1〉로부터,

$$\rho_l = 961.7\text{kg/m}^3,\ \mu_l = 0.299\times10^{-3}\text{Pa}\cdot\text{s},\ \lambda_l = 0.675\text{W/(m}\cdot\text{k)}$$

100℃에서 $\Delta h_v = 2.257\times10^6\,\text{J/kg}$

관군에서 평균열전달율 α는 식 (4.24)와 식 (4.25)로부터,

$$\alpha = 0.725\left[\frac{g\,\rho_l^2\,\lambda_l^3\,\Delta h_v}{\mu_l D(T_s - T_w)}\right]^{1/4} n^{-0.16}$$

$$= 0.725\times\left[\frac{9.807\times961.7^2\times0.675^3\times2.257\times10^6}{0.299\times10^{-3}\times0.0250\times(100-90)}\right]^{1/4}\times4^{-0.16}$$

$$= 9.89\times10^3\,\text{W/(m}^2\cdot\text{K)}$$

전체 관에서 전열량 Q는,

$$Q = \alpha(T_s - T_w)A$$

$$= 9.89 \times 10^3 \times (100 - 90) \times \pi \times 0.0250 \times 0.60 \times 4 \times 6$$

$$= 1.119 \times 10^5 \,\text{W} = 111.9 \,\text{kW}$$

따라서 응축량 W는,

$$W = \frac{Q}{\Delta h_v} = \frac{111.9}{2257} = 0.0496 \text{ kg/s} = 178 \text{ kg/h}$$

4.3.3 강제대류응축 및 공존대류응축의 열전달

증기의 유속이 커지면 증기와 접하고 있는 액막 표면에 증기류에 의한 큰 전단력이 작용하고, 이에 따라서 액체가 신속하게 흐르기 때문에 응축 액막은 얇게 되어 열전달율은 커진다. 이 같은 경우에 대한 열전달율의 예측식이 제안되어 있지만 여기서는 생략한다.

4.3.4 관내류 응축열전달

원관 내를 흐르는 증기가 응축할 때에는 〈그림 4.4〉 혹은 〈그림 4.7〉에 나타낸 비등의 경우와 흐름을 반대방향으로 고려한 기액2상유동양식이 된다. 단 응축의 경우에는 관 내면이 건조한 분무류의 영역은 존재하지 않고, 응축이 시작하면 즉시 환상류가 된다.

관내류 응축에서는 수평관이 자주 이용되고 있다. 이 경우 비교적 저유량일 때 응축이 진행되어 건도가 작아지면 기액2상유동양식은 파상류나 층상류로 기액이 상하로 분리된 흐름이 되지만, 비등의 경우와는 다르다. 응축의 경우에는 이와 같은 유동양식이어도 관의 위쪽 부분 내면도 액체로 젖어 있고 여기서의 전열이 양호하다.

관내류 응축에서 열전달율의 예측식으로 몇 개가 제안되어 있지만 여기서는 생략한다.

4.3.5 적상응축

적상응축에서는 응축액이 냉각면 상에 작은 반구를 형성하고 그 주위는 극히 얇은 액막으로 되어 있기 때문에 열전달율은 대단히 크고, 막상응축의 수배 혹은 수십 배가 된다.

적당한 물질을 냉각면에 도포하거나 흡착시키면 적상응축이 발생하기 쉬워지지만 반드시 장기간에 걸쳐서 유효하다고 단정할 수는 없다. 적상응축에 대해서는 아직 불분명한 점이 많다. 따라서 응축기의 설계 등에서는 막상응축이 발생하는 것으로 하여 계산하는 것이 보통이다.

연습문제

4.1 대기압하에서 포화수의 풀핵비등 실험을 하였더니 전열면 열유속이 $1.40 \times 10^5 \mathrm{W/m^2}$ 및 $8.00 \times 10^5 \mathrm{W/m^2}$일 때 전열면 온도가 각각 114.0℃ 및 123.6℃ 였다. 이 경우의 열전달율을 나타내는 식을 식 (4.5)의 형태로 구하시오.

4.2 대기압에서 정지된 포화수증기 중에 설치된 높이 20mm, 온도 80℃ 인 수직평면 상의 막상응축에 대해서 다음의 각 식을 구하시오.

(1) 평면 하단에서 응축액막의 두께

(2) 평면 단위폭당 응축수의 양

(3) 평면 하단에서의 막 Reynolds수

(4) 평균열전달율

제5장 방사전열

5.1 열방사의 기본법칙

물체가 전자파의 형태로 에너지를 방출하거나 흡수하는 현상을 일반적으로 방사(또는 복사, radiation)라고 한다. 특히 이것이 물체의 온도만으로 결정되는 것을 열방사(또는 열복사, thermal radiation)라고 한다. 온도에 의해 물체가 방사선을 방출할 때에 물체의 내부에너지가 방사에너지로 변환되고, 한편 방사선이 물체에 입사되어 흡수되면 방사에너지는 물체의 내부에너지로 변환된다. 따라서 열방사는 결과적으로 열에너지의 이동으로 보아도 좋다. 열방사의 파장 범위는 적외선부, 가시선부 및 자외선부의 일부를 포함하는 $0.1 \sim 100\mu m$이다.

물체의 표면에 들어온 열방사선 G[W] 중에서 일부분인 G_r은 표면에서 반사되고, 일부분인 G_a는 그 물체에 흡수되고, 나머지 부분인 G_t는 그 물체를 투과한다. 따라서 다음과 같은 성질로 정의된다.

반사율(reflectivity) $$\rho = \frac{G_r}{G} \tag{5.1}$$

흡수율(absorptivity) $$a = \frac{G_a}{G} \tag{5.2}$$

투과율(transmissivity) $$\tau = \frac{G_t}{G} \tag{5.3}$$

$$\rho + a + \tau = 1 \tag{5.4}$$

대부분의 고체에서 방사선은 투과되지 않기($\tau = 0$) 때문에,

$$\rho + a = 1 \tag{5.5}$$

표면에 입사하여 온 열방사선을 모두 흡수($a = 1$)하는 물체를 흑체(black body)라고 한다.

이상은 방사에너지가 물체 표면에 들어오는 경우이지만 다음은 방사에너지가 물체 표면에서 나가는 경우를 생각한다.

물체 표면에서 단위면적, 단위시간당 방출하는 열방사의 에너지를 방사능(복사능, emissive power)이라 부르고, 기호 E[W/m^2]로 표시한다. 방사능 E는 일반적으로 물체 표면의 온도와 표면의 상태 및 물체의 종류에 따라 바뀐다. 흑체의 방사능 E_B(첨자 B는 흑체를 나타냄)는 온도만의 관수로 다음에 나타내는 Stefan-Boltzmann의 법칙에 따라 주어진다.

$$E_B = \sigma T^4 \quad [\mathrm{W/m^2}] \tag{5.6}$$

여기서 σ : Stefan-Boltzmann정수 = 5.67×10^{-8}[W/(m$^2 \cdot$ K^4)]

T : 흑체면의 절대온도[K]

따라서,

$$E_B = 5.67\left(\frac{T}{100}\right)^4 \quad [\mathrm{W/m^2}] \tag{5.7}$$

흑체의 방사능 E_B는 임의의 주어진 온도에서 모든 물체의 방사능 중에서 최대이다. 즉, 어떤 물체의 방사능 E는 동일한 온도의 흑체 방사능 E_B보다 작다.

$$\text{방사율(복사율, emissivity)} \quad \varepsilon = \frac{E}{E_B} \tag{5.8}$$

식 (5.7)와 식 (5.8)로부터,

$$E = 5.67\,\varepsilon\left(\frac{T}{100}\right)^4 \quad [\mathrm{W/m^2}] \tag{5.9}$$

방사능과 흡수율과의 사이에는 일정한 관계가 있다. 즉 임의의 온도에서 모든 물체의 방사능과 흡수율의 비는 일정하고, 그 온도에서 흑체의 방사능과 동일하다.

$$\frac{E}{a} = E_B \quad [\mathrm{W/m^2}] \tag{5.10}$$

이 관계를 방사에 관한 Kirchhoff의 법칙이라 부른다. 식 (5.8)와 식 (5.10)으로부터

$$\varepsilon = a \tag{5.11}$$

즉 열방사선을 잘 흡수하는 물체일수록 열방사선을 잘 방출한다.

물체의 열방사에는 여러 파장의 것이 포함되어 있지만 위에서 기술한 방사율과 흡수율은 전 파장에 걸쳐서 적분 평균한 것이다(이하에서 서술하는 단색에 관한 것과 구별할 때에는 이를 특히 전방사율, 전흡수율이라 한다). 일반적으로 물체의 방사율은 온도 및 파장의 관수이다. 어떤 임의의 파장 λ에서 방사능 E_λ(이것을 단색방사능이라 한다)와 흑체의 단색방사능 $E_{B\lambda}$와의 비(ε_λ)

$$\varepsilon_\lambda = E_\lambda / E_{B\lambda} \tag{5.12}$$

를 단색방사율(또는 단색복사율)이라 한다. 마찬가지로 흡수율도 파장의 관수이고, 어떤 임의의 파장 λ에서 흡수율 a_λ를 단색흡수율이라 한다. 특히 어떤 한정된 파장대에서만 현저하게 방사 혹은 흡수하는 것을 각각 선택방사 혹은 선택흡수라고 한다. 선택방사와 선택흡수는 태양집열기를 위시하여 여러 분야에서 응용되고 있는 실제적으로 중요한 성질이지만, 여기서는 이 이상 설명하지 않는다.

특히 ε_λ나 a_λ가 파장과 무관하게 일정한, $\varepsilon_\lambda = \mathrm{const.} = \varepsilon(= a_\lambda = a)$인 물체를 회색체라

한다. 엄밀하게 회색체의 성질을 나타내는 실제의 물체는 없지만, 실제상에서 물체의 열방사는 회색체로 생각하고 근사적인 취급을 하는 것이 보통이다. 〈표 5.1〉은 각종 면의 방사율 값을 나타낸다.

〈표 5.1〉 각종 면의 방사율

표 면		온 도 ℃	방사율 ε
알루미늄	연마면 산화면 시판판	220~580 200~600 100	0.04~0.06 0.11~0.19 0.09
황동	연마면 산화면	40~320 200~600	0.10 0.61~0.59
동	연마면 산화면	100 200~600	0.05 0.57
납	비산화면 회색 산화면	40~230 20	0.05~0.08 0.28
아연	연마면 산화면	230~330 400	0.05 0.11
철	연마면 붉게 녹슨면 암회색 산화면	420~1030 20 100	0.14~0.38 0.69 0.31
주철	연마면 산화면	200 200~600	0.21 0.64~0.78
강	연마면 산화면	40~1100 200~600	0.07~0.23 0.79
니크롬선	광택면 산화면	50~1000 50~500	0.65~0.79 0.95~0.98
유리	평활면	260~540	0.95~0.85
석영유리	(2mm 두께)	280~840	0.90~0.41
붉은벽돌		20	0.93
내화벽돌		1000	0.75
목재(오크)		20	0.90
종이		20	0.93
도장면	백색 암색	20~1600 20~1600	0.95~0.35 0.95~0.75
물		0~100	0.95~0.96

참고

식 (5.10)과 식 (5.11)은 엄밀하게 단색방사율 및 단색흡수율에 관하여 성립한다. 회색체에서는 엄밀하게 전방사율과 전흡수율에 관해서 식 (5.10)과 식 (5.11)이 성립한다.

어떤 면에서 방사되는 에너지 중 어떤 특정한 방향을 향하는 방사에너지를 생각한다. 〈그림 5.1〉과 같이 미소면 dA_1을 중심으로 한 반경 r의 반구면 상의 미소면 dA_2를 생각하고, 이 미소면의 천정각과 방위각을 각각 ϕ 및 θ로 한다. dA_1에서 방출되는 방사에너지 $dQ(=E\,dA_1)$ 중 dA_2에 입사하는 에너지 dQ_{12}는 면적 dA_1의 ϕ 방향의 정사영 $dA_1\cos\phi$ 및 dA_1의 중심에서 dA_2를 바라보는 입체각 $d\omega(=dA_2/r^2=\sin\phi\,d\phi\,d\theta)$에 비례한다. 즉,

$$dQ_{12}=I\,dA_1\,\cos\phi\,d\omega\quad[\mathrm{W}]\tag{5.13}$$

이 비례정수 I [W/m^2]를 방사강도(intensity of radiation)라 한다. 즉 방사강도라는 것은 그 면에서 어떤 임의의 방향으로 단위투영면적, 단위입체각당 방사되는 에너지이다. 미소면 dA_1에서 여러 방향으로 방사되는 에너지의 전체량 dQ는

$$dQ=\int_\omega dQ_{12}=dA_1\int_0^{\pi/2}\left(\int_0^{2\pi}I\sin\phi\cos\phi\,d\theta\right)d\phi\quad[\mathrm{W}]\tag{5.14}$$

따라서 방사강도 I 가 모든 방향으로 균일하면,

$$E=\frac{dQ}{dA_1}=I\int_0^{\pi/2}\left(\int_0^{2\pi}\sin\phi\,\cos\phi\,d\theta\right)d\phi\quad[\mathrm{W/m^2}]\tag{5.15}$$

$$\therefore\ E=\pi I\quad[\mathrm{W/m^2}]\tag{5.16}$$

흑체면 및 회색면에서 방사강도 I는 모든 면으로 균일하고 실제 물체 표면에서도 대부분의 것이 이와 같은 성질을 가지고 있다.

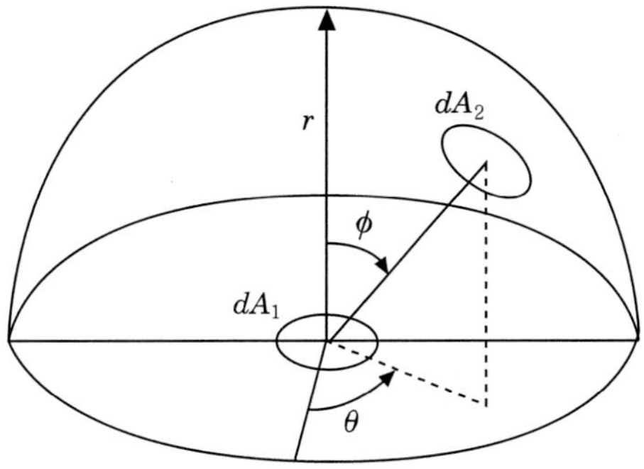

〈그림 5.1〉 미소면에서 이를 감싸는 가상적인 반구면 상의 미소면으로 열방사

5.2 흑체면 사이의 방사전열

〈그림 5.2〉에 나타내는 것과 같은 면적 A_1, 절대온도 T_1인 흑체면과 면적 A_2, 절대온도 T_2인 흑체면 사이의 방사전열을 생각한다.

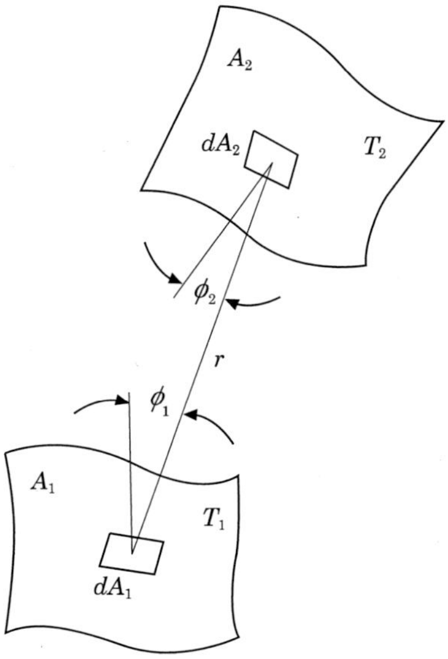

〈그림 5.2〉 방사열교환을 하는 두 개의 흑체면으로 이루어지는 계

먼저 각각의 미소면적 dA_1과 dA_2 사이의 전열을 생각한다. dA_1에서 dA_2로 전달되는 방사에너지 dQ_{12}는 식 (5.13)으로부터,

$$
\begin{aligned}
dQ_{12} &= I_{B1}\, dA_1 \cos\phi_1\, d\omega_{12} \\
&= I_{B1} \frac{\cos\phi_1 \cos\phi_2}{r^2} dA_1\, dA_2 \quad [\mathrm{W}]
\end{aligned}
\tag{5.17}
$$

단, $$d\omega_{12} = \frac{dA_2 \cos\phi_2}{r^2} \tag{5.18}$$

여기서, ϕ_1과 ϕ_2는 미소면 dA_1과 dA_2를 연결하는 직선이 각각 dA_1 및 dA_2의 법선방향과 만드는 각이다.

역으로 dA_2에서 dA_1로 전달되는 방사에너지 dQ_{21}은 마찬가지로

$$dQ_{21} = I_{B2} \frac{\cos\phi_1 \cos\phi_2}{r^2} dA_1\, dA_2 \quad [\mathrm{W}] \tag{5.19}$$

따라서 dA_1에서 dA_2로 정미의 방사전열량 dQ는,

$$
\begin{aligned}
dQ &= dQ_{12} - dQ_{21} \\
&= (I_{B1} - I_{B2}) \frac{\cos\phi_1 \cos\phi_2}{r^2} dA_1\, dA_2 \quad [\mathrm{W}]
\end{aligned}
\tag{5.20}
$$

한편 식 (5.16)과 식 (5.7)로부터,

$$I_B = \frac{E_B}{\pi} = 5.67 \left(\frac{T}{100} \right)^4 \frac{1}{\pi} \quad [\mathrm{W/m^2}] \tag{5.21}$$

식 (5.21)을 식 (5.20)에 대입하면,

$$dQ = 5.67 \left[\left(\frac{T_1}{100} \right)^4 - \left(\frac{T_2}{100} \right)^4 \right] \frac{\cos\phi_1 \cos\phi_2}{\pi r^2} dA_1\, dA_2 \quad [\mathrm{W}] \tag{5.22}$$

면 A_1에서 면 A_2로 정미의 방사전열량 Q는 식 (5.22)를 면적 A_1 및 A_2에 걸쳐서 적분하면 구할 수 있다. 즉,

$$Q = 5.67\left[\left(\frac{T_1}{100}\right)^4 - \left(\frac{T_2}{100}\right)^4\right]A_1 F_{12} \quad [\mathrm{W}] \tag{5.23}$$

여기서,

$$F_{12} = \frac{1}{A_1}\int_{A_2}\int_{A_1}\frac{\cos\phi_1 \cos\phi_2}{\pi r^2}dA_1\, dA_2 \tag{5.24}$$

F_{12}는 형태계수(geometric factor 혹은 shape factor)라 하고, 면 A_1과 A_2 사이의 기하학적인 관계만으로 결정된다. 물리적으로 F_{12}는 면 A_1에서 방출된 전방사에너지 중, 면 A_2에 직접 도달하는 에너지의 비율을 나타내고 있다. 혹은 F_{12}는 면 1의 전체 시야 중에서 면 2가 차단하는 부분의 비율이라고도 말할 수 있다. 이러한 의미로서 view factor라고도 부른다. 두 흑체면 사이의 방사에 의한 전열량은 이 형태계수의 값을 알 수가 있으면 식 (5.23)으로 간단하게 구할 수 있다.

다시 설명하면 방사전열은 전자파의 형태로 에너지가 이동하기 때문에, 앞에서 설명한 열전도나 대류전열과는 달리 고온면에서 저온면으로 에너지가 전달되는 것뿐 아니라, 저온면에서 고온면으로도 에너지가 전달될 수 있다. 그리고 위에서 설명한 것과 같이 그 정미의 값으로 고온면에서 저온면으로 에너지가 전달되고 이것이 결과적으로 전열량으로 구하여지는 것이다.

식 (5.23)은 면 A_2를 기준으로 하여 나타내면 다음과 같이 나타낼 수 있다.

$$Q = 5.67\left[\left(\frac{T_1}{100}\right)^4 - \left(\frac{T_2}{100}\right)^4\right]A_2 F_{21} \quad [\mathrm{W}] \tag{5.25}$$

여기서,

$$F_{21} = \frac{1}{A_2}\int_{A_2}\int_{A_1}\frac{\cos\phi_1 \cos\phi_2}{\pi r^2}dA_1\, dA_2 \tag{5.26}$$

식 (5.24)와 식 (5.26)으로부터 알 수 있는 것과 같이,

$$A_1 F_{12} = A_2 F_{21} \tag{5.27}$$

혹은 일반적으로 n개의 면으로 되는 계에서 각 면 사이에서,

$$A_i F_{ij} = A_j F_{ji} \quad (i, j = 1, 2, ..., n) \tag{5.28}$$

더욱 형태계수의 의미를 생각하여, $1 \sim n$의 면에서 폐공간을 형성하고 있을 때 다음의 관계가 성립한다.

$$\sum_{j=1}^{n} F_{ij} = 1 \quad (i = 1, 2, ..., n) \tag{5.29}$$

또 예를 들어 면 2가 면 2′와 면 2″로 구성되어 있는 경우에

$$F_{12} = F_{12'} + F_{12''} \tag{5.30}$$

식 (5.27)~식 (5.30)은 다른 형태계수의 값에서 현재의 형태계수를 구할 때 도움이 되는 관수이다.

전형적인 몇 개의 경우에 대한 형태계수의 계산결과(1)를 〈그림 5.3〉~〈그림 5.5〉에 나타낸다.

예제 5.1

50cm × 100cm인 두 흑체면이 50cm의 거리로 서로 마주보고 평행하게 놓여 있다. 한쪽 면은 100℃, 다른 면은 500℃의 온도로 유지되고 있다. 두 면 사이의 방사에 의한 정미의 교환열량을 구하시오.

풀이

$$\frac{X}{L} = \frac{100}{50} = 2.0, \quad \frac{Y}{L} = \frac{50}{50} = 1.0$$

〈그림 5.4〉에서, $F_{12} = 0.285$

$$A_1 = 0.50 \times 1.00 = 0.50\,\mathrm{m}^2$$

$$T_1 = 500 + 273 = 773\mathrm{K}, \quad T_2 = 100 + 273 = 373\mathrm{K}$$

식 (5.23)에서,

$$Q = 5.67\left[\left(\frac{T_1}{100}\right)^4 - \left(\frac{T_2}{100}\right)^4\right] A_1 F_{12}$$

$$= 5.67 \times (7.73^4 - 3.73^4) \times 0.50 \times 0.285$$

$$= 2.73 \times 10^3\ \mathrm{W} = 2.73\,\mathrm{kW}$$

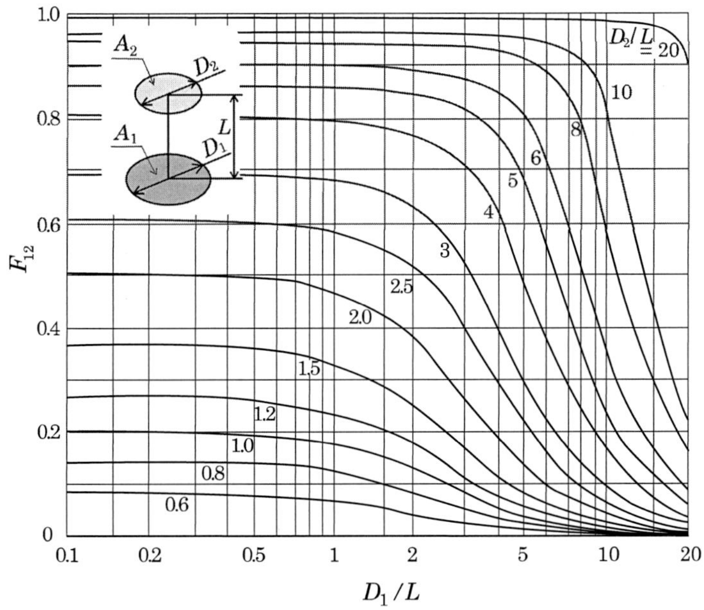

〈그림 5.3〉 평행 원형 평면 사이의 형태계수

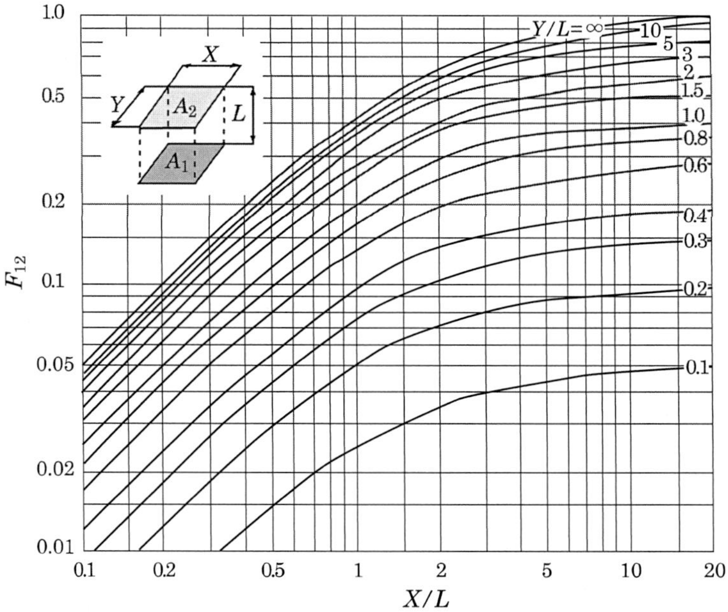

〈그림 5.4〉 평행 장방형 평면 사이의 형태계수

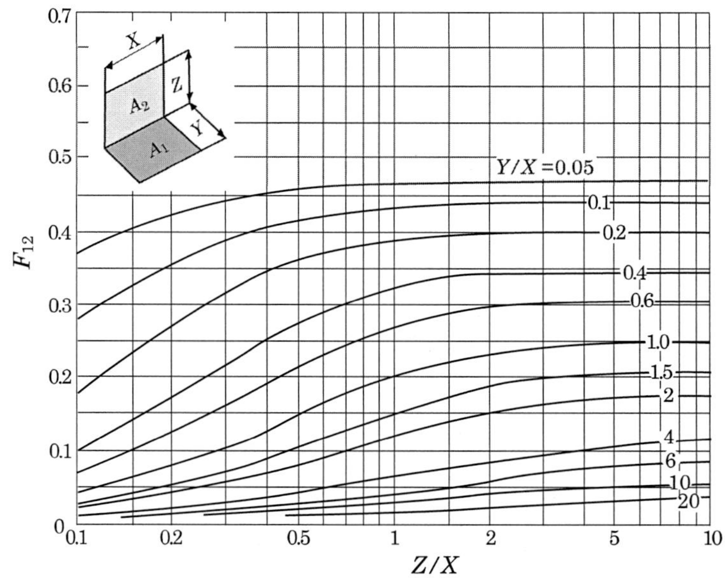

〈그림 5.5〉 직교 장방형 평면 사이의 형태계수

예제 5.2

〈그림 5.6〉의 (a), (b)와 같은 경우에 대해서 형태계수 F_{12}를 구하시오.

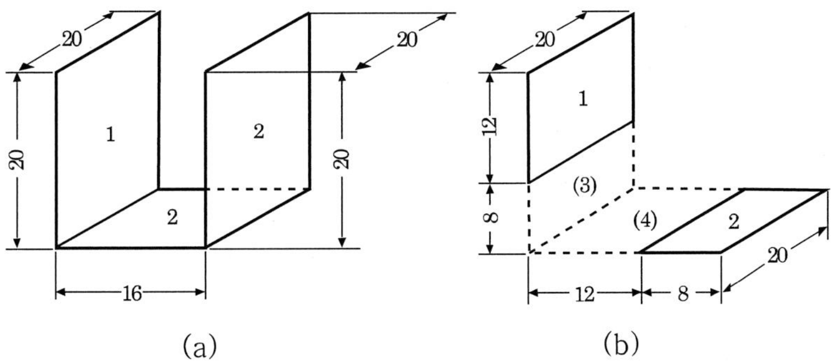

〈그림 5.6〉 [예제 5.2]의 계(단위 : cm)

풀이

〈그림 5.4〉 및 〈그림 5.5〉의 선도를 이용하여 구할 수 있다.

(a)의 경우

면 2의 두 면 중에서 면 1과 마주보는 면을 2′, 면 1과 직교하는 면을 2″라 한다.

$$F_{12} = F_{12'} + F_{12''}$$

$$F_{12'} : X = Y = 20\text{cm},\ L = 16\text{cm},\quad \therefore\ \frac{X}{L} = \frac{Y}{L} = 1.25$$

〈그림 5.4〉로부터, $F_{12'} = 0.26$

$$F_{12''} : X = Y = 20\text{cm},\ Z = 16\text{cm},\quad \therefore\ \frac{Y}{X} = 1.0,\ \frac{Z}{X} = 0.8$$

〈그림 5.5〉로부터, $F_{12''} = 0.185$

$$\therefore\ F_{12} = 0.26 + 0.185 = 0.445$$

참고

비어 있는 세 방향으로 세 번째 면(면 3이라 한다)을 두고, 면 1을 완전히 둘러싸면, 면

3의 각 면은 면 1에 대하여 면 2″와 동일한 조건이므로

$$F_{13} = 3 \times F_{12''} = 0.555$$

$$\therefore\ F_{11} + F_{12} + F_{13} = 0 + 0.445 + 0.555 = 1.00 \qquad \text{[식 (5.29) 참조]}$$

(b)의 경우

〈그림 5.6〉(b)와 같이 면 3과 면 4를 가상하고, 면 1과 면 3을 합쳐서 면Ⅰ, 면 2와 면 4를 합쳐서 면 Ⅱ로 한다.

$$A_{\mathrm{I}} F_{\mathrm{I\,II}} = A_1 F_{1\mathrm{II}} + A_3 F_{3\mathrm{II}} \qquad (1)$$

$$\because\ A_{\mathrm{II}} F_{\mathrm{II\,I}} = A_{\mathrm{II}} F_{\mathrm{II}1} + A_{\mathrm{II}} F_{\mathrm{II}3}$$

$$A_{\mathrm{II}} F_{\mathrm{II\,I}} = A_{\mathrm{I}} F_{\mathrm{I\,II}}$$

$$A_{\mathrm{II}} F_{\mathrm{II}1} = A_1 F_{1\mathrm{II}}$$

$$A_{\mathrm{II}} F_{\mathrm{II}3} = A_3 F_{3\mathrm{II}}$$

한편,

$$A_1 F_{1\mathrm{II}} = A_1 F_{12} + A_1 F_{14} \qquad (2)$$

$$A_{\mathrm{I}} F_{\mathrm{I}4} = A_1 F_{14} + A_3 F_{34} \qquad (3)$$

식 (1), 식 (2) 및 식 (3)에서

$$A_{\mathrm{I}} F_{\mathrm{I\,II}} = A_1 F_{12} + A_{\mathrm{I}} F_{\mathrm{I}4} - A_3 F_{34} + A_3 F_{3\mathrm{II}}$$

$$\therefore\ F_{12} = \frac{1}{A_1}(A_{\mathrm{I}} F_{\mathrm{I\,II}} + A_3 F_{34} - A_{\mathrm{I}} F_{\mathrm{I}4} - A_3 F_{3\mathrm{II}})$$

$$A_1 = 240\mathrm{cm}^2,\ A_3 = 160\mathrm{cm}^2,\ A_{\mathrm{I}} = 400\mathrm{cm}^2$$

〈그림 5.5〉로부터,

$$F_{\mathrm{I\,II}} : Y/X = 1.0,\ Z/X = 1.0 \quad \therefore F_{\mathrm{I\,II}} = 0.20$$

$$F_{34} : Y/X = 0.4,\ Z/X = 0.6 \quad \therefore F_{34} = 0.285$$

$$F_{\mathrm{I}\,4} : Y/X = 1.0,\ Z/X = 0.6 \quad \therefore F_{\mathrm{I}\,4} = 0.165$$

$$F_{3\,\mathrm{II}} : Y/X = 0.4,\ Z/X = 1.0 \quad \therefore F_{3\,\mathrm{II}} = 0.315$$

$$\therefore F_{12} = \frac{1}{240}(400 \times 0.20 + 160 \times 0.285 - 400 \times 0.165 - 160 \times 0.315)$$

$$= 0.0383$$

5.3 회색면 사이의 방사전열

5.3.1 회색면에서 열방사

앞에서 기술한 것과 같이 현실적으로 존재하는 물체는 엄밀하게 회색체의 성질을 가지고 있지 않지만 실제로는 회색체로 생각하고 근사적인 취급을 하는 것이 보통이다. 회색체는 흡수율이 1보다 작기 때문에 입사하여 온 방사에너지의 일부분은 표면에서 반사된다. 반사된 방사에너지는 다시 다른 면에서 그 일부분이 반사되고, 이와 같이 계속해서 반사하면서 물체에 흡수되어 간다. 따라서 회색면 사이의 방사전열은 흑체면 사이의 경우에 비하여 대단히 복잡하다.

먼저 어떤 하나의 회색면에서 방사에너지의 출입을 생각한다(〈그림 5.7〉 참조).

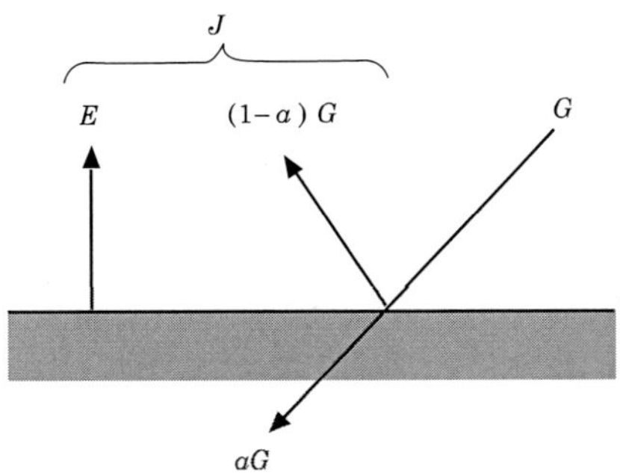

〈그림 5.7〉 회색면에서 방사에너지의 출입

J : 단위면적, 단위시간당 면을 나가는 전방사에너지(radiosity)[W/m^2]

G : 단위면적, 단위시간당 면에 들어오는 전방사에너지(irradiation)[W/m^2]

라고 하면,

$$J = E + (1-a)G = \varepsilon E_B + (1-\varepsilon)G \quad [\mathrm{W/m^2}] \tag{5.31}$$

면적 $A[\mathrm{m^2}]$인 균일한 온도의 회색면에서 나가는 정미의 방사에너지 Q는,

$$Q = JA - GA \quad [\mathrm{W}] \tag{5.32}$$

식 (5.31)과 식 (5.32)에서 G를 소거하면,

$$Q = \frac{E_B - J}{\dfrac{1-\varepsilon}{\varepsilon A}} \quad [\mathrm{W}] \tag{5.33}$$

따라서 $\dfrac{1-\varepsilon}{\varepsilon A}$는 방사에 대한 물체 표면에서의 저항으로 보면 된다(〈그림 5.8〉 참조). 이 저항은 면이 흑체가 아니기 때문에 발생하는 것으로 흑체($\varepsilon = 1$)인 경우에 이 저항은 존재하지 않고 $J = E_B$이다.

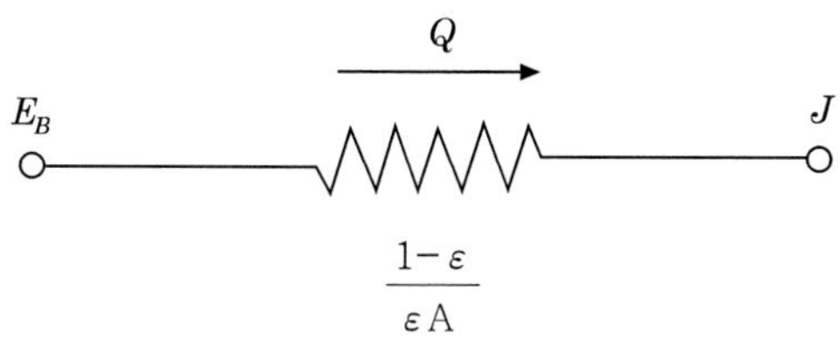

〈그림 5.8〉 회색체 표면에서 방사에 대한 저항

5.3.2 두 면으로 되는 계의 경우

회색면 1과 회색면 2 사이에서 방사전열을 생각한다.

면 1을 나가는 방사에너지 $J_1 A_1$ 중에서 면 2에 입사하는 에너지는 $J_1 A_1 F_{12}$이고, 면 2를 나가는 방사에너지 $J_2 A_2$ 중에서 면 1에 입사하는 에너지는 $J_2 A_2 F_{21}$이기 때문에, 면 1에서 면 2로 방사에 의해 전달되는 정미의 열량 Q는 다음 식으로 나타낼 수 있다.

$$Q = J_1 A_1 F_{12} - J_2 A_2 F_{21} \quad [\mathrm{W}] \tag{5.34}$$

식 (5.27)로부터, $A_1 F_{12} = A_2 F_{21}$이기 때문에

$$Q = (J_1 - J_2) A_1 F_{12} \quad [\mathrm{W}] \tag{5.35}$$

혹은 이 식을 다시 정리하면,

$$Q = \frac{J_1 - J_2}{\dfrac{1}{A_1 F_{12}}} \quad [\mathrm{W}] \tag{5.36}$$

따라서 $\dfrac{1}{A_1 F_{12}}$는 면 1과 면 2 사이의 방사전열에 대한 공간에서의 저항으로 보면 된다(〈그림 5.9〉 참조). 흑체의 경우에는 앞절에서 설명한 것과 같이 표면에서의 저항은 없고, 이 공간에서의 저항만 있다(〈그림 5.23〉 참조).

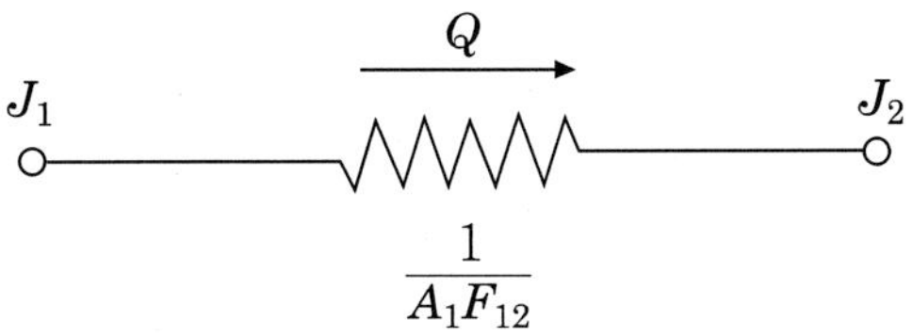

〈그림 5.9〉 방사전열에 대한 공간에서의 저항

식 (5.36)과 앞절에서 서술한 식 (5.33)을 병행해서 생각하면, 두 회색면 사이의 방사전열은 〈그림 5.10〉과 같은 등가회로로 생각하면 된다.

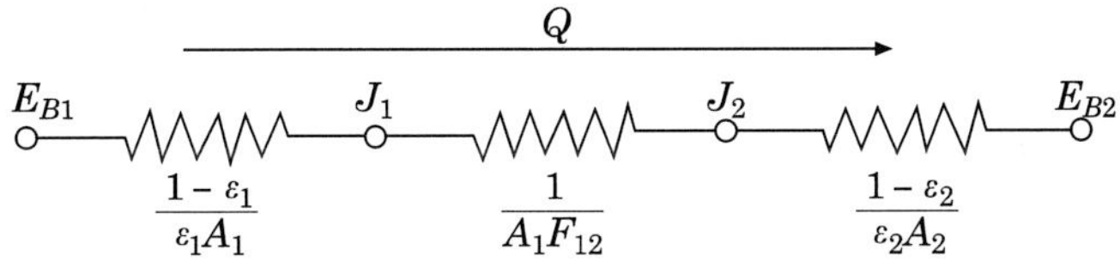

〈그림 5.10〉 두 면 사이 방사전열의 등가회로

〈그림 5.10〉의 등가회로에서 방사에 의한 정미의 전열량 Q를 식으로 나타내면 다음과 같다.

$$Q = \frac{E_{B1} - E_{B2}}{\dfrac{1-\varepsilon_1}{\varepsilon_1 A_1} + \dfrac{1}{A_1 F_{12}} + \dfrac{1-\varepsilon_2}{\varepsilon_2 A_2}} \ [\mathrm{W}] \tag{5.37}$$

식 (5.37)에 식 (5.7)을 대입하면 결국 두 면으로 구성되는 계의 방사전열량에 관한 일반식으로서 다음 식이 얻어진다.

$$Q = \frac{5.67\left[\left(\dfrac{T_1}{100}\right)^4 - \left(\dfrac{T_2}{100}\right)^4\right]}{\dfrac{1-\varepsilon_1}{\varepsilon_1 A_1} + \dfrac{1}{A_1 F_{12}} + \dfrac{1-\varepsilon_2}{\varepsilon_2 A_2}} \ [\mathrm{W}] \tag{5.38}$$

다음과 같이 식 (5.38)을 몇 개의 특정한 경우에 적용하여 본다.

(1) 충분히 긴 동심원주 혹은 동심구의 경우(내측의 원주 또는 구의 표면을 1로 한다)

식 (5.38)에서, $F_{12} = 1$

$$Q = \frac{5.67}{\dfrac{1}{\varepsilon_1} + \dfrac{A_1}{A_2}\left(\dfrac{1}{\varepsilon_2} - 1\right)}\left[\left(\frac{T_1}{100}\right)^4 - \left(\frac{T_2}{100}\right)^4\right] A_1 \ [\mathrm{W}] \tag{5.39}$$

(2) 무한 평행 두 평면, 즉 면의 넓이에 비하여 양면의 간격이 충분히 작은 평행하는 두 평면의 경우(한쪽의 평면을 1로 한다)

식 (5.38)에서, $F_{12} = 1, \ A_1 = A_2 = A$

$$Q = \frac{5.67}{\dfrac{1}{\varepsilon_1} + \dfrac{1}{\varepsilon_2} - 1}\left[\left(\frac{T_1}{100}\right)^4 - \left(\frac{T_2}{100}\right)^4\right] A \ [\mathrm{W}] \tag{5.40}$$

(3) 비교적 작은 물체(면 1)가 다른 큰 표면(면 2)으로 완전히 둘러싸인 경우

식 (5.38)에서, $F_{12}=1$, $A_1 \ll A_2$ 즉 $A_1/A_2 \simeq 0$

$$Q = 5.67\,\varepsilon_1\left[\left(\frac{T_1}{100}\right)^4 - \left(\frac{T_2}{100}\right)^4\right]A_1 \ \ [\mathrm{W}] \tag{5.41}$$

예제 5.3

노의 안에 직경 50mm, 길이 1000mm, 방사율 0.92인 철봉이 달려 있다. 노의 벽온도가 1500K, 철봉의 온도가 500K일 때 방사로 전달되는 열량을 구하시오.

풀이

$$A_1 = \pi DL + 2\times\frac{\pi}{4}D^2 = 0.050\pi\left(1.000+\frac{2}{4}\times 0.050\right) = 0.161\mathrm{m}^2$$

식 (5.41)로부터,

$$\begin{aligned} Q &= 5.67\,\varepsilon_1\left[\left(\frac{T_1}{100}\right)^4 - \left(\frac{T_2}{100}\right)^4\right]A_1 \\ &= 5.67\times 0.92\times(5^4 - 15^4)\times 0.161 \\ &= -4.2\times 10^4\ \mathrm{W}\,(\text{철봉에서 노벽으로}) \end{aligned}$$

따라서, 노의 벽에서 철봉으로 방사에 의해 전달되는 열량은,

$$Q = 4.2\times 10^4\mathrm{W} = 42\mathrm{kW}$$

예제 5.4

노의 벽온도가 1300℃인 방열로 내에 길이 2.0m, 직경 1.0cm의 동봉[방사율 0.40, 밀도 8900kg/m^3, 비열 0.40kJ/(kg·K)]을 넣는다. 동봉의 최초온도가 30℃일 때 봉의 온도가 400℃에 도달할 때까지 얼마나 시간이 걸리는가? 대류에 의한 전열은 무시하여도 좋다.

풀이

동봉은 각 시각에서 균일한 온도라고 가정한다.

$$\text{봉의 표면적 } A_1 = \pi DL + 2 \times \frac{\pi}{4} D^2$$
$$= 0.010\pi\left(2.0 + \frac{2}{4} \times 0.010\right) = 0.063 \text{ m}^2$$

$$\text{봉의 열용량 } C = \frac{\pi}{4} D^2 Lc\rho = \frac{\pi}{4} \times 0.010^2 \times 2.0 \times 0.40 \times 8900$$
$$= 0.56\,\text{kJ/K}$$

방사에 의한 봉의 수열량은, 식 (5.41)로부터 계산이 가능하다.

$$\text{노벽} \quad T_2 = 1300 + 273 = 1573\text{K}$$

$$\text{시작} \quad T_{1\,\mathrm{I}} = 30 + 273 = 303\text{K}$$

$$Q_{\mathrm{I}} = 5.67\,\varepsilon_1 \left[\left(\frac{T_2}{100}\right)^4 - \left(\frac{T_{1\,\mathrm{I}}}{100}\right)^4\right] A_1$$
$$= 5.67 \times 0.40 \times (15.73^4 - 3.03^4) \times 0.063$$
$$= 8.74 \times 10^3\,\text{W} = 8.74\,\text{kW}$$

$$\text{종료} \quad T_{1\,\mathrm{II}} = 400 + 273 = 673\text{K}$$

$$Q_{\mathrm{II}} = 5.67 \times 0.40 \times (15.73^4 - 6.73^4) \times 0.063$$
$$= 8.45 \times 10^3\text{W} = 8.45\,\text{kW}$$

$$\text{평균} \quad Q = \frac{Q_{\mathrm{I}} + Q_{\mathrm{II}}}{2} = \frac{8.74 + 8.45}{2} = 8.6\,\text{kW}$$

봉을 30℃에서 400℃로 가열하는 데 필요한 열량은,

$$C(T_{1\,\mathrm{II}} - T_{1\,\mathrm{I}}) = 0.56 \times (400 - 30)\text{kJ}$$

따라서, 소요시간 t는,

$$t = \frac{C(T_{1\,\mathrm{II}} - T_{1\,\mathrm{I}})}{Q} = \frac{0.56 \times 370}{8.6} = 24\text{초}$$

예제 5.5

어떤 평판이 우주선의 측면에 붙어 있고, 평판과 우주선 본체 사이에는 완전히 열절연되어 있다. 태양으로부터의 방사열유속은 태양광선에 수직한 면 위로 1354W/m^{2}이고, 평판의 수직방향과 태양광선이 이루는 각은 30도이다. 평형상태에서 평판의 온도[℃]를 구하시오. 단, 우주공간은 어떤 물질도 존재하지 않는 진공이고, 방사에 관해서는 온도 0K의 흑체로 생각하여도 좋다.

풀이

평판의 온도를 T, 표면적을 A, 흡수율을 a, 방사율을 ε으로 한다.
평판이 흡수하는 태양으로부터의 방사에너지 Q_1은,

$$Q_1 = 1354\cos 30^\circ \times aA = 1173\,aA \quad [\mathrm{W}]$$

평판이 우주공간으로 방출하는 방사에너지 Q_2는 식 (5.41)로부터,

$$Q_2 = 5.67\,\varepsilon\left[\left(\frac{T}{100}\right)^4 - 0^4\right]A = 5.67\,\varepsilon\left(\frac{T}{100}\right)^4 A \quad [\mathrm{W}]$$

우주공간은 진공이기 때문에 대류전열은 없다.
평형상태에서,

$$Q_1 = Q_2 \qquad \therefore\ 1173\,a\,A = 5.67\,\varepsilon\left(\frac{T}{100}\right)^4 A$$

$a = \varepsilon$이기 때문에 위의 식에서,

$$T = 100\left(\frac{1173}{5.67}\right)^{1/4} = 379\ \mathrm{K} = 106℃$$

예제 5.6

표면 온도가 60℃로 유지되는 표면적 0.60m^{2}의 온수탱크가 있다. 탱크 표면의 방사율은 0.95이다. 지금 이 표면에 알루미늄 페인트를 칠하여 방사율을 0.50으로 하였을 때 방사에 의한 손실열량은 얼마나 적어질까? 외기의 온도는 15℃로 한다.

풀이

온수탱크는 대기 및 대기와 같은 온도의 지면과 기타의 물체표면으로 둘러싸여 있다고 본다. 대기의 층은 대단히 두껍기 때문에 기체이지만 방사선을 방사, 흡수하는 면으로 가상해도 좋다. 따라서 식 (5.41)로부터,

$$\text{페인트를 칠하기 전}: Q_{\mathrm{I}} = 5.67\,\varepsilon_{1\,\mathrm{I}}\left[\left(\frac{T_1}{100}\right)^4 - \left(\frac{T_2}{100}\right)^4\right]A_1$$

$$\text{페인트를 칠한 후}: Q_{\mathrm{II}} = 5.67\,\varepsilon_{1\,\mathrm{II}}\left[\left(\frac{T_1}{100}\right)^4 - \left(\frac{T_2}{100}\right)^4\right]A_1$$

손실열량의 감소량 ΔQ는,

$$\begin{aligned}\Delta Q = Q_{\mathrm{I}} - Q_{\mathrm{II}} &= 5.67(\varepsilon_{1\,\mathrm{I}} - \varepsilon_{1\,\mathrm{II}})\left[\left(\frac{T_1}{100}\right)^4 - \left(\frac{T_2}{100}\right)^4\right]A_1 \\ &= 5.67\times(0.95-0.50)\times\left[\left(\frac{60+273}{100}\right)^4 - \left(\frac{15+273}{100}\right)^4\right]\times 0.60 \\ &= 83\mathrm{W}\end{aligned}$$

혹은 손실열량의 감소 비율은,

$$\frac{Q_{\mathrm{I}} - Q_{\mathrm{II}}}{Q_{\mathrm{I}}} = 1 - \frac{Q_{\mathrm{II}}}{Q_{\mathrm{I}}} = 1 - \frac{\varepsilon_{1\,\mathrm{II}}}{\varepsilon_{1\,\mathrm{I}}} = 1 - \frac{0.50}{0.95} = 0.47 = 47\%$$

예제 5.7

내경 5.0mm, 내표면의 방사율이 0.60인 긴 원통 중심에, 외경 0.5mm, 방사율 0.75의 가늘고

긴 철사가 놓여 있다. 대류가 완전히 일어나지 않는 것으로 가정할 경우, 방사와 전도에 의한 전체 전열량에 대해 방사만에 의한 전열량의 비를 다음의 두 가지 경우에 대해서 구하시오.

(1) 철사의 온도가 600℃, 원통의 온도가 100℃일 때

(2) 철사의 온도가 1000℃, 원통의 온도가 500℃일 때

단, 원통 내에는 열전도율 0.040W/(m·K)인 방사에너지를 흡수하지 않는 기체가 충만하여 있는 것으로 한다.

풀이

$$A_1 = \pi D_1 L = 0.0005\pi L = 0.00157L\,\text{m}^2$$

$$A_2 = \pi D_2 L = 0.0050\pi L = 0.0157L\,\text{m}^2$$

(1)의 경우:

방사에 의한 전열량 Q_r은 식 (5.39)로부터,

$$\frac{Q_r}{L} = \frac{5.67}{\dfrac{1}{\varepsilon_1} + \dfrac{A_1}{A_2}\left(\dfrac{1}{\varepsilon_2} - 1\right)}\left[\left(\frac{T_1}{100}\right)^4 - \left(\frac{T_2}{100}\right)^4\right]\frac{A_1}{L}$$

$$= \frac{5.67}{\dfrac{1}{0.75} + \dfrac{0.00157}{0.0157}\left(\dfrac{1}{0.60} - 1\right)} \times \left[\left(\frac{600+273}{100}\right)^4 - \left(\frac{100+273}{100}\right)^4\right]$$

$$\times 0.00157 = 35.7\,\text{W/m}$$

전도에 의한 전열량 Q_c는 식 (2.33)으로부터,

$$\frac{Q_c}{L} = \frac{2\pi\lambda}{\ln\dfrac{D_2}{D_1}}(T_1 - T_2) = \frac{2\pi \times 0.040}{\ln\dfrac{0.0050}{0.0005}} \times (600 - 100) = 54.6\text{W/m}$$

$$\therefore \frac{Q_r}{Q_r + Q_c} = \frac{35.7}{35.7 + 54.6} = 0.40 = 40\%$$

(2)의 경우 :

마찬가지로,

$$\frac{Q_r}{L} = \frac{5.67}{\dfrac{1}{0.75} + \dfrac{0.00157}{0.0157}\left(\dfrac{1}{0.60} - 1\right)} \times (12.73^4 - 7.73^4) \times 0.00157$$

$$= 144\text{W/m}$$

전도에 의한 전열량 Q_c/L는 온도차 $T_1 - T_2$가 (1)의 경우와 같고, 열전도율도 일정하기 때문에, (1)의 경우와 마찬가지로 54.6W/m이다.

$$\therefore \frac{Q_r}{Q_r + Q_c} = \frac{144}{144 + 54.6} = 0.73 = 73\%$$

참고

이 예제에서 알 수 있는 것과 같이 온도가 높아질수록 일반적으로 방사에 의한 전열이 중요해진다.

예제 5.8

좁은 간격으로 평행하게 놓여 있는 넓은 평판 1과 2가 있다. 지금 이 두 평판의 중간에 대단히 얇은 평판 3을 삽입하였을 때 방사에 의한 전열량은 삽입하지 않았을 때의 몇 %가 될까? 단, 평판 1, 2 및 3의 방사율을 각각 0.80, 0.50 및 0.20으로 한다.

풀이

평판 3이 없는 경우에 평판 1에서 평판 2로 방사에 의해 전달되는 열량 Q_{12}는 식 (5.40)으로부터,

$$Q_{12} = \frac{5.67}{\dfrac{1}{\varepsilon_1} + \dfrac{1}{\varepsilon_2} - 1}\left[\left(\frac{T_1}{100}\right)^4 - \left(\frac{T_2}{100}\right)^4\right]A \tag{1}$$

평판 3을 삽입하였을 때 평판 1에서 평판 3으로 방사에 의해 전달되는 열량 Q_{13}은 마찬가지로,

$$Q_{13} = \frac{5.67}{\dfrac{1}{\varepsilon_1} + \dfrac{1}{\varepsilon_3} - 1}\left[\left(\frac{T_1}{100}\right)^4 - \left(\frac{T_3}{100}\right)^4\right]A \tag{2}$$

마찬가지로 평판 3에서 평판 2로 방사에 의해 전달되는 열량 Q_{32}는,

$$Q_{32} = \frac{5.67}{\dfrac{1}{\varepsilon_3} + \dfrac{1}{\varepsilon_2} - 1}\left[\left(\frac{T_3}{100}\right)^4 - \left(\frac{T_2}{100}\right)^4\right]A \tag{3}$$

단, 현재의 경우 평판 3은 대단히 얇기 때문에 평판 내의 열전도 저항은 무시하고 평판 3의 양면의 온도는 같다고 생각한다. 평판 1에서 평판 3을 지나 평판 2로 전달되는 방사에 의한 열량을 Q_{132}로 한다. 정상상태로 생각하면 $Q_{13} = Q_{32} = Q_{132}$이기 때문에 식 (2)와 식 (3)에서 T_3을 소거하여,

$$Q_{132} = \frac{5.67}{\dfrac{1}{\varepsilon_1} + \dfrac{1}{\varepsilon_2} + \dfrac{2}{\varepsilon_3} - 2}\left[\left(\frac{T_1}{100}\right)^4 - \left(\frac{T_2}{100}\right)^4\right]A \tag{4}$$

식 (1)과 식 (4)로부터,

$$\frac{Q_{132}}{Q_{12}} = \frac{\dfrac{1}{\varepsilon_1} + \dfrac{1}{\varepsilon_2} - 1}{\dfrac{1}{\varepsilon_1} + \dfrac{1}{\varepsilon_2} + \dfrac{2}{\varepsilon_3} - 2} = \frac{\dfrac{1}{0.80} + \dfrac{1}{0.50} - 1}{\dfrac{1}{0.80} + \dfrac{1}{0.50} + \dfrac{2}{0.20} - 2} = 0.200 = 20.0\%$$

참고

두 면 사이의 방사전열량을 감소시키기 위해서는 반사율이 큰(따라서 방사율이 작은) 물체표면을 이용하면 좋지만([예제 5.6] 참조), 또 다른 유효한 방법은 위의 예제에서 알 수 있는 것과 같이 두 면 사이에 제3의 얇은 판(이것을 방열판이라 한다)을 두는 것이다. 즉, 사이에 판을 두면 〈그림 5.11〉에 나타내는 것과 같이 그만큼 방사전열에 대한 저항이 증가하는 것이고 전열량은 감소한다.

또, 위의 예제의 경우 $A_1 = A_2 = A_3 = A$, $F_{13} = F_{23} = 1$, $\varepsilon_{3'} = \varepsilon_3$이기 때문에 〈그림 5.11〉의 등가회로에서 방사전열의 저항은,

$$\left(\frac{1-\varepsilon_1}{\varepsilon_1}+1+\frac{1-\varepsilon_3}{\varepsilon_3}+\frac{1-\varepsilon_3}{\varepsilon_3}+1+\frac{1-\varepsilon_2}{\varepsilon_2}\right)\frac{1}{A}$$

$$=\left(\frac{1}{\varepsilon_1}+\frac{1}{\varepsilon_2}+\frac{2}{\varepsilon_3}-2\right)\frac{1}{A}$$

로 되고 이것으로부터도 식 (4)가 유도된다.

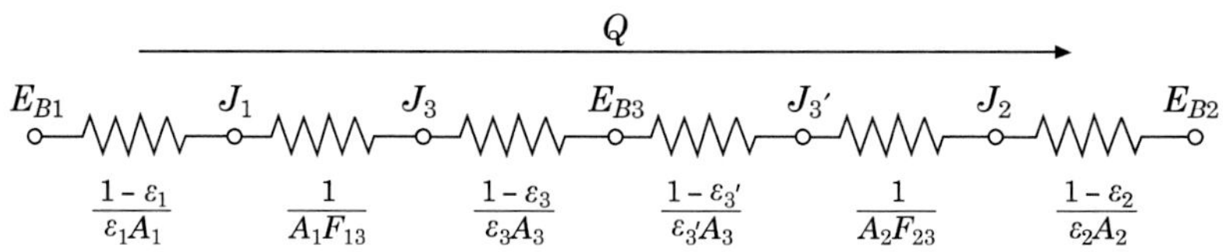

〈그림 5.11〉 두 면 사이에 방열판을 두었을 때 방사전열의 등가회로

예제 5.9

온도 10℃ 인 큰 방의 공중에 수평으로 배치되어 있는 원관의 내부를 온도 150℃ 인 포화수증기가 흐르고 있다. 관 외경은 76mm, 관외 표면의 방사율은 0.80이다. 이 관 1m당 손실열량을 구하시오. 단, 관 내측과 관벽 내의 열저항은 관 외측의 열저항에 비하여 충분히 작기 때문에 무시할 수 있는 것으로 한다.

풀이

관 내측과 관벽 내의 열저항을 무시할 수 있기 때문에 관외 표면의 온도는 150℃ 로 볼 수 있다. [예제 3.13]으로부터 열전달율 $\alpha = 8.1\mathrm{W/(m^2 \cdot K)}$이다. 따라서 대류에 의한 전열량 Q_c는,

$$\frac{Q_c}{L} = \alpha(T_w - T_b)\pi D = 8.1\times(150-10)\times 0.076\pi = 271\mathrm{W/m}$$

원관 표면에서 방의 벽(온도 10℃로 해도 좋다)으로 정미의 방사전열량 Q_r은 식 (5.41)로부터

$$\frac{Q_r}{L} = 5.67\,\varepsilon_w\left[\left(\frac{T_w}{100}\right)^4 - \left(\frac{T_b}{100}\right)^4\right]\pi D$$

$$= 5.67 \times 0.80 \times \left[\left(\frac{150+273}{100}\right)^4 - \left(\frac{10+273}{100}\right)^4\right] \times 0.076\pi$$

$$= 277\mathrm{W/m}$$

따라서,

$$\frac{Q}{L} = \frac{Q_c}{L} + \frac{Q_r}{L} = 271 + 277 = 548\mathrm{W/m}$$

예제 5.10

태양광선에 직각으로 놓여 있고 또한 그 뒷면은 보온재로 완전히 단열되어 있는 넓은 금속판이 있다. 태양에서 방사열은 1000W/m^2, 금속판의 방사율은 0.50, 금속판에서 대기로의 열전달율은 5.8W/(m^2 · K), 대기온도는 10℃이다. 평형상태에서 이 금속판의 온도를 구하시오.

풀이

$$\varepsilon_w = 0.50,\ q_0 = 1000\ \mathrm{W/m^2},$$

$$T_b = 10\ ℃ = 283\ \mathrm{K},\ \alpha = 5.8\mathrm{W/(m^2 \cdot K)}$$

금속판이 받는 열량 Q_{in}은,

$$\frac{Q_{in}}{A} = a_w\,q_0 = \varepsilon_w\,q_0 = 0.50 \times 1000 = 500\mathrm{W/m^2}$$

금속판이 방출하는 열량 Q_{out}는 온도 10℃인 대기로 대류에 의한 전열량 Q_c와 방사에 의한 전열량 Q_r의 합이다.

$$\frac{Q_{out}}{A} = \frac{Q_c + Q_r}{A}$$

Q_r에 대해서는 식 (5.41)이 적용되기 때문에,

$$\frac{Q_{out}}{A} = \alpha(T_w - T_b) + 5.67\,\varepsilon_w\left[\left(\frac{T_w}{100}\right)^4 - \left(\frac{T_b}{100}\right)^4\right]$$

$$= 5.8 \times (T_w - 283) + 5.67 \times 0.50 \times \left[\left(\frac{T_w}{100}\right)^4 - \left(\frac{283}{100}\right)^4\right]$$

$Q_{in}/A = Q_{out}/A$이기 때문에,

$$5.8 \times (T_w - 283) + 2.835 \times \left[\left(\frac{T_w}{100}\right)^4 - 64.1\right] = 500$$

$x = \dfrac{T_w}{100}$로 두면 위의 식은,

$$580x - 1641 + 2.835\,x^4 - 181 = 500$$

$$\therefore\ 2.835\,x^4 + 580\,x = 2322$$

이 4차방정식을 반복계산으로 푼다. 이 식을 다시 정리하면

$$x = 4.00 - 0.00489\,x^4$$

초기의 가정치 x_1으로서 x^4의 항을 무시한 x의 값을 이용한다.

$$x_1 = 4.00$$

$$x_2 = 4.00 - 0.00489x_1^4 = 2.75$$

가정 : $x_3 = (x_1 + x_2)/2 = 3.38$

$$x_4 = 4.00 - 0.00489\,x_3^4 = 3.36$$

가정 : $x_5 = (x_3 + x_4)/2 = 3.37$

$$x_6 = 4.00 - 0.00489\,x_5^4 = 3.37$$

$\therefore\ x = 3.37$

$\therefore\ T_w = 337\text{K} = 64℃$

예제 5.11

외경 100mm, 길이 10.0m인 증기유송관의 외측에 두께 10mm, 열전도율 0.060W/(m · K)인 보온재를 감은 경우, 이 관에서의 방열손실은 얼마일까? 단, 관 외면 온도를 200℃, 외기온도를 0℃, 보온재 외면의 방사율을 0.80, 보온재 외면과 외기 사이의 열전달율을 6.20W/(m^2 · K)로 한다.

풀이

$$T_i = 200℃ = 473\,\text{K},\ \ T_b = 0℃ = 273\,\text{K}$$

$$\alpha = 6.20\text{W}/(\text{m}^2\cdot\text{K}),\ \ \varepsilon = 0.80,\ \ \lambda = 0.060\text{W}/(\text{m}\cdot\text{K})$$

$$R_i = 0.050\,\text{m},\ \ R_o = 0.060\,\text{m},\ \ L = 10.0\,\text{m}$$

$$A = 2\pi R_o L = 2\pi \times 0.060 \times 10.0 = 3.77\,\text{m}^2$$

보온재 내의 전도에 의한 전열량은 식 (2.33)으로부터,

$$Q = \frac{2\pi\lambda L}{\ln\dfrac{R_o}{R_i}}(T_i - T_o) = \frac{2\pi \times 0.060 \times 10.0}{\ln\dfrac{0.060}{0.050}}(473 - T_o)$$

$$= 20.7 \times (473 - T_o)$$

보온재 외표면에서 대류에 의한 전열량 Q_c는,

$$Q_c = \alpha(T_o - T_b)A = 6.20 \times (T_o - 273) \times 3.77 = 23.4\,T_o - 6380$$

보온재 외표면에서 외기로의 방사에 의한 전열량 Q_r은 식 (5.41)로부터,

$$Q_r = 5.67\,\varepsilon\left[\left(\frac{T_o}{100}\right)^4 - \left(\frac{T_b}{100}\right)^4\right]A$$
$$= 5.67 \times 0.80 \times \left[\left(\frac{T_o}{100}\right)^4 - 2.73^4\right] \times 3.77$$
$$= 17.1\left(\frac{T_o}{100}\right)^4 - 950$$

$Q = Q_c + Q_r$ 이기 때문에,

$$9790 - 20.7\,T_o = 23.4\,T_o - 6380 + 17.1 \times \left(\frac{T_o}{100}\right)^4 - 950$$

$x = \dfrac{T_o}{100}$ 로 두고, 위의 식을 정리하면,

$$17.1\,x^4 + 4410\,x = 17120$$

이 4차방정식을 앞의 [예제 5.10]의 풀이와 마찬가지로 반복계산하여 풀면,

$$x = 3.38$$
$$\therefore\ T_o = 338\ \text{K}$$

따라서 방열량 Q는,

$$Q = 20.7 \times (473 - 338) = 2.8 \times 10^3\text{W} = 2.8\,\text{kW}$$

5.3.3 셋 이상의 면으로 되는 계의 경우

세 면 이상의 여러 면으로 되는 계의 경우도 앞에서 기술한 두 면의 경우와 마찬가지로 등가회로를 구성하여 생각하면 된다. 예를 들면 세 면으로 되는 계의 경우에는 일반적으로 〈그림 5.12〉에 나타낸 등가회로로 된다. 이 등가회로에서 J_1, J_2, J_3 의 값을 알면 각각의 면에서 나가는 정미의 방사에너지 Q_1, Q_2, Q_3를 구할 수 있다.

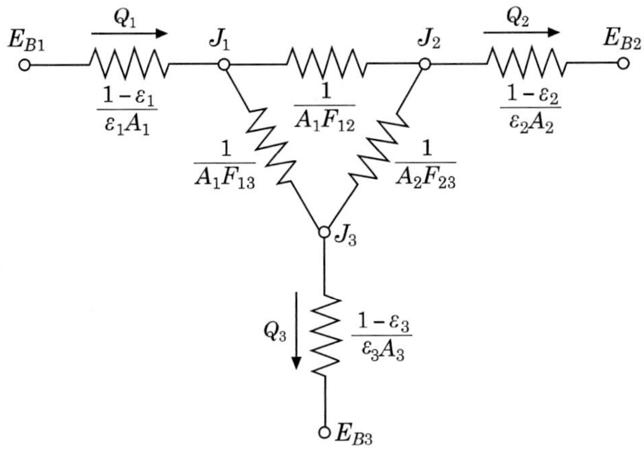

〈그림 5.12〉 세 면 사이 방사전열의 등가회로

즉, 면 1에서 나가는 정미의 방사에너지 Q_1은 식 (5.33)으로부터,

$$Q_1 = \frac{E_{B1} - J_1}{\dfrac{1-\varepsilon_1}{\varepsilon_1 A_1}} = \frac{5.67\left(\dfrac{T_1}{100}\right)^4 - J_1}{\dfrac{1-\varepsilon_1}{\varepsilon_1 A_1}} \quad [\mathrm{W}] \tag{5.42}$$

J_1, J_2, J_3의 값을 구하는 방법 :

등가회로의 각 접점에서 에너지의 수지를 생각한다.

$$J_1\text{의 점}: \frac{E_{B1} - J_1}{\dfrac{1-\varepsilon_1}{\varepsilon_1 A_1}} + \frac{J_2 - J_1}{\dfrac{1}{A_1 F_{12}}} + \frac{J_3 - J_1}{\dfrac{1}{A_1 F_{13}}} = 0$$

$$J_2\text{의 점}: \frac{E_{B2} - J_2}{\dfrac{1-\varepsilon_2}{\varepsilon_2 A_2}} + \frac{J_1 - J_2}{\dfrac{1}{A_1 F_{12}}} + \frac{J_3 - J_2}{\dfrac{1}{A_2 F_{23}}} = 0 \tag{5.43}$$

$$J_3\text{의 점}: \frac{E_{B3} - J_3}{\dfrac{1-\varepsilon_3}{\varepsilon_3 A_3}} + \frac{J_1 - J_3}{\dfrac{1}{A_1 F_{13}}} + \frac{J_2 - J_3}{\dfrac{1}{A_2 F_{23}}} = 0$$

공업상 자주 일어나는 문제로서 두 개의 전열면과 하나의 접속단열면으로 되는 계의 경우가 있다. 이 경우 접속단열면을 면 3으로 하면, 이 면으로 나가거나 혹은 이 면으로 들어오는 정미의 열량은 없기($Q_3 = 0$) 때문에, 식 (5.32)로부터 $J_3 = G_3$이다. 더욱 식 (5.31)로부터 $J_3 = E_{B3}$(혹은 식 (5.33)으로부터 $Q_3 = 0$이라면 $J_3 = E_{B3}$)이기 때문에 이 경우의 방사전열의 등가회로는 〈그림 5.13〉과 같이 되고, 정미의 전열은 면 1과 면 2 사이에서만 발생한다. 이때 J_1과 J_2 사이의 전체저항 R_S는 다음과 같다.

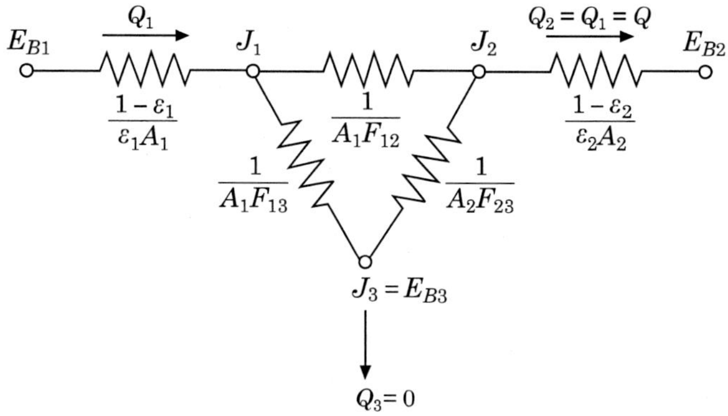

〈그림 5.13〉 두 전열면과 하나의 접속단열면으로 되는 방사전열의 등가회로

$$\frac{1}{R_S} = \frac{1}{\dfrac{1}{A_1F_{12}}} + \frac{1}{\dfrac{1}{A_1F_{13}} + \dfrac{1}{A_2F_{23}}}$$

$$= \frac{A_1(A_1F_{12}F_{13} + A_2F_{12}F_{23} + A_2F_{13}F_{23})}{A_1F_{13} + A_2F_{23}} \quad [\mathrm{m}^2] \tag{5.44}$$

면 1에서 면 2로의 방사전열량 Q는,

$$Q = \frac{E_{B1} - E_{B2}}{\dfrac{1-\varepsilon_1}{\varepsilon_1 A_1} + R_S + \dfrac{1-\varepsilon_2}{\varepsilon_2 A_2}} \tag{5.45}$$

$$= \frac{5.67\left[\left(\dfrac{T_1}{100}\right)^4 - \left(\dfrac{T_2}{100}\right)^4\right]}{\dfrac{1-\varepsilon_1}{\varepsilon_1 A_1} + R_S + \dfrac{1-\varepsilon_2}{\varepsilon_2 A_2}} \quad [\mathrm{W}]$$

만약 $F_{11}=0$, $F_{22}=0$이라면 식 (5.29)로부터,

$$F_{13}=1-F_{12},\quad F_{23}=1-F_{21}$$

또 식 (5.27)로부터 $A_2F_{21}=A_1F_{12}$이기 때문에,

$$R_S=\frac{A_1+A_2-2A_1F_{12}}{A_1(A_2-A_1F_{12}^2)}\quad[\mathrm{m}^{-2}] \tag{5.46}$$

식 (5.46)을 식 (5.45)에 대입하면,

$$Q=\frac{5.67\left[\left(\dfrac{T_1}{100}\right)^4-\left(\dfrac{T_2}{100}\right)^4\right]A_1}{\dfrac{A_1+A_2-2A_1F_{12}}{A_2-A_1F_{12}^2}+\left(\dfrac{1}{\varepsilon_1}-1\right)+\dfrac{A_1}{A_2}\left(\dfrac{1}{\varepsilon_2}-1\right)}\quad[\mathrm{W}] \tag{5.47}$$

예제 5.12

〈그림 5.14〉와 같이 배치된 평면 1(면적 3m², 온도 1200℃, 방사율 0.96)과 평면 2(면적 5m², 온도 300℃, 방사율 0.85) 및 그들을 연결하는 단열내화벽인 벽 3에 의해서 완전하게 둘러싸인 공간이 있다(그림에서 지면에 평행한 양측의 면은 면 3). 면 1의 면 2에 대한 형태계수는 0.158이다. 방사에 의해 면 2가 받는 열량을 구하시오. 또 접속면 3이 없는 경우에 면 2가 받는 열량을 구하고, 접속면이 있는 경우와 비교하시오.

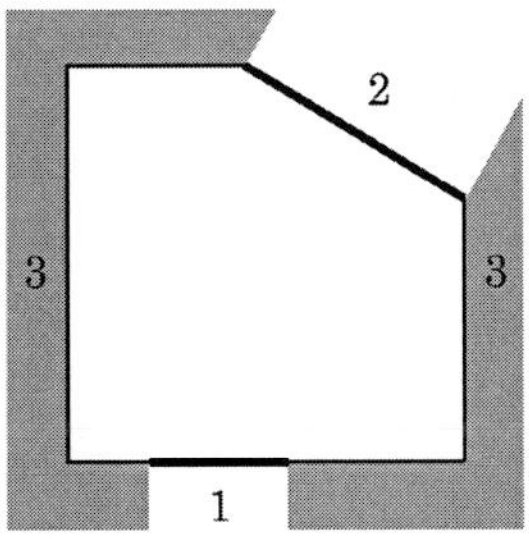

〈그림 5.14〉 [예제 5.12]의 계

풀이

면 2가 받는 열량 Q는 면 3이 단열벽이기 때문에 면 1에서 면 2로의 전열량이다. 따라서 식 (5.47)로부터,

$$Q = \frac{5.67\left[\left(\frac{T_1}{100}\right)^4 - \left(\frac{T_2}{100}\right)^4\right]A_1}{\frac{A_1 + A_2 - 2A_1F_{12}}{A_2 - A_1F_{12}^2} + \left(\frac{1}{\varepsilon_1} - 1\right) + \frac{A_1}{A_2}\left(\frac{1}{\varepsilon_2} - 1\right)}$$

$$= \frac{5.67\left[\left(\frac{1200+273}{100}\right)^4 - \left(\frac{300+273}{100}\right)^4\right]\times 3}{\frac{3+5-2\times3\times0.158}{5-3\times0.158^2} + \left(\frac{1}{0.96} - 1\right) + \frac{3}{5}\left(\frac{1}{0.85} - 1\right)}$$

$$= 4.95\times10^5\text{W} = 495\text{kW}$$

접속면이 없는 경우의 전열량 Q'는 식 (5.38)로부터,

$$Q' = \frac{5.67\left[\left(\frac{T_1}{100}\right)^4 - \left(\frac{T_2}{100}\right)^4\right]}{\frac{1-\varepsilon_1}{\varepsilon_1A_1} + \frac{1}{A_1F_{12}} + \frac{1-\varepsilon_2}{\varepsilon_2A_2}} = \frac{5.67\times(14.73^4 - 5.73^4)}{\frac{1}{72} + \frac{1}{0.474} + \frac{3}{85}}$$

$$= 1.21\times10^5\text{ W} = 121\text{kW}$$

$$\therefore \frac{Q}{Q'} = \frac{495}{121} = 4.1$$

즉 접속단열면이 있는 경우 이 면에서 반사되는 방사에너지가 면 2에 입사하기 때문에, 면 2는 접속단열면이 없는 경우보다 4.1배 많은 열량을 받는다.

예제 5.13

1.5m × 3.0m인 두 개의 평판이 1.5m 떨어져서 마주보며 평행으로 놓여 있다. 양 평판의 마주보는 면의 온도는 각각 538℃와 260℃로 유지되고 있고, 이들 면의 방사율은 각각 0.20

및 0.50이다. 이 평판은 대단히 넓은 실내에 있고 그 방의 벽 온도는 60℃로 유지되고 있다. 방사에 의해 두 개의 평판과 벽이 각각 얻거나 잃는 열량을 구하시오. 단, 양 평판의 마주보는 면의 뒷면은 완전히 단열되어 있는 것으로 한다.

풀이

$$T_1 = 811\,\mathrm{K},\ T_2 = 533\,\mathrm{K},\ T_3 = 333\mathrm{K}$$

$$\varepsilon_1 = 0.20,\ \varepsilon_2 = 0.50,\ A_1 = A_2 = 1.5 \times 3.0 = 4.5\,\mathrm{m}^2$$

벽의 면적은 대단히 크기 때문에 $(1-\varepsilon_3)/(\varepsilon_3 A_3) \simeq 0$

평행평판 사이의 형태계수는,

$$\frac{X}{L} = \frac{3.0}{1.5} = 2.0,\ \frac{Y}{L} = \frac{1.5}{1.5} = 1.0$$

〈그림 5.4〉에서

$$F_{12} = F_{21} = 0.285$$

$F_{11} = F_{22} = 0$이기 때문에 식 (5.29)로부터,

$$F_{13} = 1 - F_{12} = 1 - 0.285 = 0.715$$

$$F_{23} = 1 - F_{21} = 1 - 0.285 = 0.715$$

$$\therefore\ \frac{1-\varepsilon_1}{\varepsilon_1 A_1} = \frac{1-0.20}{0.20 \times 4.5} = 0.889$$

$$\frac{1-\varepsilon_2}{\varepsilon_2 A_2} = \frac{1-0.50}{0.50 \times 4.5} = 0.222$$

$$\frac{1}{A_1 F_{12}} = \frac{1}{4.5 \times 0.285} = 0.780$$

$$\frac{1}{A_1F_{13}} = \frac{1}{4.5\times0.715} = 0.311$$

$$\frac{1}{A_2F_{23}} = \frac{1}{4.5\times0.715} = 0.311$$

따라서 현재의 경우 등가회로는 〈그림 5.15〉와 같이 된다.

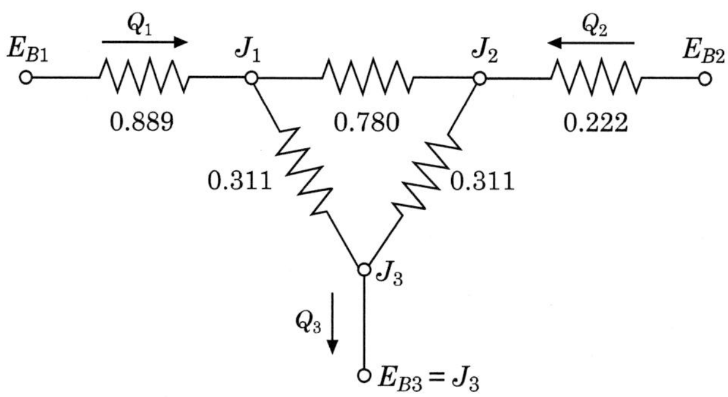

〈그림 5.15〉 [예제 5.13]의 계에서 방사전열의 등가회로

접점 J_1과 J_2에서 에너지의 수지를 생각한다.

$$\text{접점 } J_1 : \frac{E_{B1}-J_1}{0.889} + \frac{J_2-J_1}{0.780} + \frac{E_{B3}-J_1}{0.311} = 0 \quad (1)$$

$$\text{접점 } J_2 : \frac{J_1-J_2}{0.780} + \frac{E_{B3}-J_2}{0.311} + \frac{E_{B2}-J_2}{0.222} = 0 \quad (2)$$

한편 식 (5.7)로부터,

$$E_{B1} = 5.67\left(\frac{T_1}{100}\right)^4 = 5.67\times8.11^4 = 2.453\times10^4\text{W/m}^2 \quad (3)$$

$$E_{B2} = 5.67\times5.33^4 = 4.58\times10^3\text{W/m}^2 \quad (4)$$

$$E_{B3} = 5.67\times3.33^4 = 6.97\times10^2\text{W/m}^2 \quad (5)$$

식 (3), 식 (4) 및 식 (5)를 식 (1)과 식 (2)에 대입하여 연립방정식을 풀면,

$$J_1 = 6.08 \times 10^3\,\mathrm{W/m^2}$$

$$J_2 = 3.41 \times 10^3\,\mathrm{W/m^2}$$

평판 1이 잃어버리는 열량 Q_1은,

$$Q_1 = \frac{E_{B1} - J_1}{\dfrac{1-\varepsilon_1}{\varepsilon_1 A_1}} = \frac{24.53 \times 10^3 - 6.08 \times 10^3}{0.889}$$

$$= 20.75 \times 10^3\,\mathrm{W} = 20.75\,\mathrm{kW}$$

평판 2가 잃어버리는 열량 Q_2는,

$$Q_2 = \frac{E_{B2} - J_2}{\dfrac{1-\varepsilon_2}{\varepsilon_2 A_2}} = \frac{4.58 \times 10^3 - 3.41 \times 10^3}{0.222}$$

$$= 5.27 \times 10^3\mathrm{W} = 5.27\,\mathrm{kW}$$

벽이 받는 열량 Q_3는,

$$Q_3 = \frac{J_1 - J_3}{\dfrac{1}{A_1 F_{13}}} + \frac{J_2 - J_3}{\dfrac{1}{A_2 F_{23}}}$$

$$= \frac{6.08 \times 10^3 - 0.70 \times 10^3}{0.311} + \frac{3.41 \times 10^3 - 0.70 \times 10^3}{0.311}$$

$$= 26.01 \times 10^3\mathrm{W} = 26.01\mathrm{kW}$$

혹은,

$$Q_3 = Q_1 + Q_2 = 20.75 + 5.27 = 26.02\text{kW}$$

5.4 가스방사

기체와 고체표면 사이의 방사전열이 문제가 되는 경우가 있다. 예를 들면 보일러의 연소실에서는 고온의 연소가스로 부터 방사에 의해 노벽 수관으로 열이 전달된다. 연소가스는 주로 질소, 수증기, 탄산가스 및 산소로 구성되어 있다. 이 중에서 질소와 산소는 열방사선을 완전히 투과하는 것으로 보아도 좋기 때문에 문제가 되지 않지만, 수증기와 탄산가스는 열방사선을 방사하고, 흡수하기 때문에 기체층이 어느 정도 이상의 두께를 가지고 있는 경우에는 이 방사가 중요해진다. 이들 기체의 방사율을 기체의 절대온도, 수증기 혹은 탄산가스의 분압 및 기체층(가스덩어리) 유효두께의 관수로서 구하기 위해서 선도가 작성되어 있지만 여기서는 이 이상의 기술은 생략한다.

연습문제

5.1 〈그림 5.16〉에 나타내는 것과 같이 3평면으로 되는 지면과 수직방향으로 무한히 긴 계가 있다. 이 경우의 형태계수 F_{12}를 구하시오.

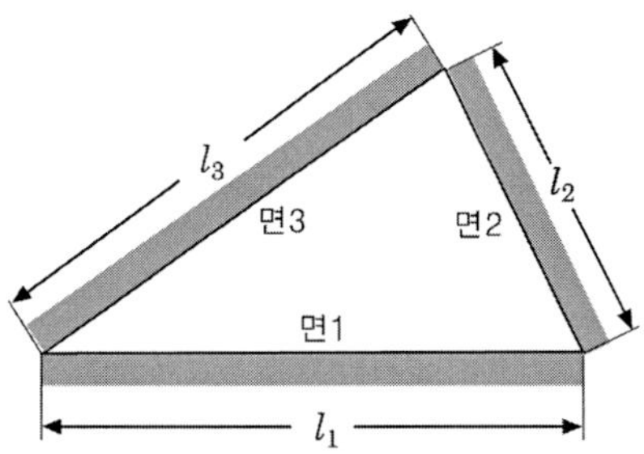

〈그림 5.16〉 연습문제 5.1의 계

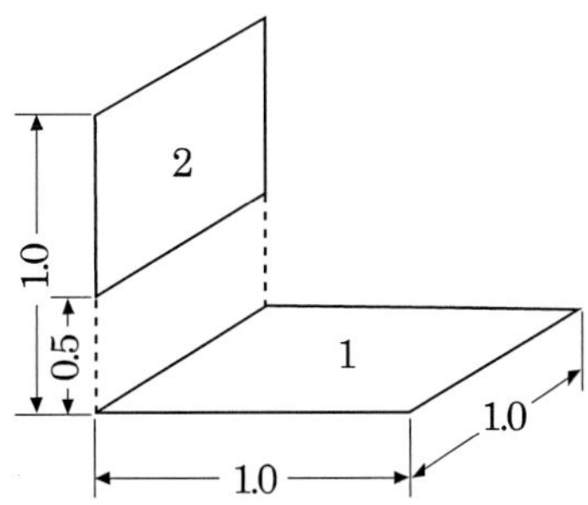

〈그림 5.17〉 연습문제 5.2의 계

5.2 〈그림 5.17〉과 같이 연장면 상에서 직교하고 있는 온도 300℃의 평면 1과 온도 50℃의 평면 2가 있다(그림 중의 치수 단위는 m). 양면 모두 흑체면이라 할 때 면 1에서 면 2로의 방사에 의한 정미 전열량을 구하시오.

5.3 온도 200℃, 면적 0.520m^2, 방사율 0.52의 면 1과, 온도 10℃, 면적 0.286m^{2}의 흑체면 2가 있다. 면 2의 면 1에 대한 형태계수 F_{21}은 0.209이다. 면 1에서 면 2로의 방사에 의한 정미 전열량을 구하시오.

5.4 내부에 전기히터가 있는 직경 180mm인 구를 내면을 검게 칠한 상자 안에 달아 놓았다. 진공펌프로 상자 속을 진공으로 한 후 히터에 233W의 전력을 가해서 정상상태로 되었을 때,

구의 표면과 상자의 내면 온도를 측정하였더니 각각 235℃와 27℃이었다. 이 구의 방사율을 구하시오.

5.5 방사율이 0.62인 금속제의 얇은 평판이 우주선의 측면에 부착되어 있다. 태양으로부터의 방사열유속은 태양광선에 수직한 면 위에서 1354W/m^{2}이고, 평판의 수직방향과 태양광선이 만드는 각도는 30도이다. 평판의 온도를 60℃로 유지하기 위해서 평판의 뒷면을 냉각한다고 하면, 제거하는 열유속[W/m^2]은 얼마가 되어야 하는가? 단, 평판은 두께 방향으로 균일한 온도로 되어 있는 것으로 한다. 또 우주공간은 어떤 물질도 존재하지 않는 진공이고, 방사에 관해서는 온도 0K의 흑체로 보아도 좋다.

5.6 액체질소가 외경 16.0mm인 긴 관 속을 흐르고 있다. 관의 외표면은 일정한 온도 -195℃이고, 방사율은 0.030이다. 이 관을 동심인 내경 56.0mm의 관으로 싸고, 진공펌프로 양관의 사이를 진공으로 하였다. 외관의 내면은 일정한 온도 16℃로 유지되고 있고, 방사율은 0.050이다. 이 경우에 대해서 다음의 질문에 답하시오.

(1) 내관의 단위길이당 수열량은 얼마인가?

(2) 수열량을 감소시키기 위해서 양 관 사이에 두께가 극단적으로 얇은 직경 36.0mm의 금속관을 동심으로 하여 새롭게 삽입한다. 이 관 내외면의 방사율은 모두 0.020이다. 이 경우의 내관 수열량은 (1)의 경우와 비교하여 몇 % 감소하는가?

(3) (2)에서 삽입한 관의 직경을 변경하면 직경 36.0mm의 경우와 비교하여 내관의 수열량은 어떻게 변화하는가?

5.7 큰 방의 공중에 직경 1.0cm인 긴 환봉이 놓여 있다. 봉의 내부에서는 단위길이당 140W/m의 열량이 발생하고 있고, 봉의 표면 온도는 200℃로 유지되고 있다. 이때 봉에서 공기로 대류에 의한 열전달율은 얼마로 추정되는가? 단, 봉 표면의 방사율은 0.80이고 방의 벽, 마루, 천장 및 방 내의 공기의 온도는 모두 20℃이다.

5.8 덕트 내를 3.8m/s로 흐르고 있는 고온의 공기 온도를 측정하기 위해서 덕트 내의 중심부근에 시스(sheath)열전대를 삽입하고 있다. 열전대의 시스 직경과 방사율은 각각 2.0mm와 0.18이고, 덕트벽 내면의 온도는 390℃ 이다. 열전대는 550℃ 의 온도를 지시하고 있지만 이때 공기의 실제 온도는 몇 도(℃)가 되어 있을 것으로 생각되는가? 시스열전대와 공기 사이의 대류 평균열전달율은 대표치수로서 시스열전대의 직경을 이용한 다음의 무차원식으로 나타내는 것으로 한다.

$$Nu = 0.51\, Re^{0.5} Pr^{1/3}$$

5.9 노 안에 직경 0.96mm, 방사율 0.42인 작은 구가 달려 있다. 노벽의 내면 온도는 320℃, 노 내의 가스 온도는 980℃ 이다. 열평형상태에서 구의 온도를 구하시오. 단, 노 내 가스는 열방사선을 완전히 투과하는 것으로 한다. 작은 구와 가스 사이의 대류열전달율은 작은 구의 직경을 대표치수로서 이용한 Nusselt수 $Nu = 2$의 관계로 나타내는 것으로 하고, 가스의 열전도율은 0.0806W/(m · K)이다.

5.10 제3장의 [연습문제 3.9]에서 자동차의 지붕에서 주위(온도 30℃)로 방사전열도 고려하면 지붕의 온도는 몇 도(℃)가 되어 있을 것으로 추정되는가? 단, 지붕의 방사율은 0.45이다.

5.11 종, 횡, 높이가 각각 3.0m, 3.0m, 2.5m인 방이 있고, 마루가 300K, 천장이 290K의 온도로 유지되고 있다. 다른 측벽은 완전히 단열되어 있는 것으로 하고 모든 면의 방사율을 0.80으로 하였을 때, 마루와 천장 사이의 방사에 의한 전열량은 얼마가 되겠는가?

제6장 열교환기

6.1 열교환기의 서론

하나의 유체로부터 열을 취득하여 이것을 다른 유체로 전달하는 장치를 열교환기(heat changer)라고 한다. 이 경우에 교환해야만 하는 열량 Q는 열수지로부터 다음 식으로 표시할 수 있다(〈그림 6.1〉 참조).

$$Q = W_h c_h (T_{h1} - T_{h2}) = W_c c_c (T_{c2} - T_{c1}) \ [\mathrm{W}] \quad (6.1)$$

여기서, W : 질량유량[kg/s]

c : 유체의 정압비열[J/(kg·K)]

T : 유체의 온도[K 또는 ℃]

첨자 h : 고온유체

c : 저온유체

1 : 열교환기 입구

2 : 열교환기 출구

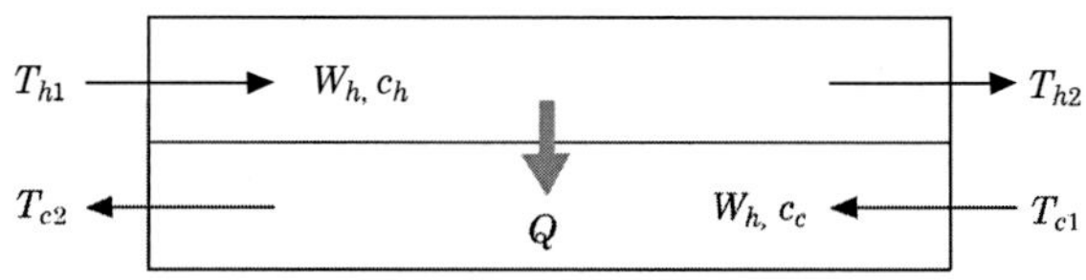

〈그림 6.1〉 열교환기의 개념

유체를 어떤 온도에서 어떤 온도까지 가열하거나 냉각하기 위해 열교환기에서 열교환해야만 하는 열량은 열역학의 간단한 지식에서 얻을 수 있는 상기의 식 (6.1)로 간단하게 구할 수 있다. 하지만 그와 같은 열교환을 이루기 위해서는 어느 정도 크기(전열면적)의 열교환기가 필요할 것인가 하는 문제를 해결하기 위해서는 전열학의 지식에 기초한 계산이 필요하다. 여기서 그와 같은 문제의 계산 방법에 대해서 알아보겠지만 계산에 앞서 열교환기에는 어떠한 것이 있는가에 대해 개략적으로 설명한다.

6.2 열교환기의 형식

열교환기를 열교환 방식과 구조 혹은 유체의 유동방향에 의해서 분류하면 각각 다음과 같은 형식의 것이 있다.

6.2.1 열교환 방식과 구조에 의한 분류

열교환기는 열교환 방식에 따라 표면식, 축열식 및 직접접촉식의 3개로 대별할 수 있다. 더욱이 그 구조에 따라서 표면식 열교환기는 다관식, 평판(plate)식, 이중관식 등으로 분류되고 축열식 열교환기도 회전식과 절환식으로 분류된다.

A. 표면식(격벽식) 열교환기

고체벽을 사이에 두고 양쪽으로 유체가 흐르고 있고, 이 고체벽을 통과하는 열통과에 의해서 열교환이 이루어지는 형식의 열교환기이다. 열교환기로서 가장 일반적인 형태이다.

A.1 다관식 열교환기

다수의 관을 규칙적으로 배열한 관군으로 되어 있는 열교환기이다. 관의 배열에는 어긋난배열과 정렬배열이 있다(3.3.3절 참조). 이 다관식에는 다음의 두 가지 형식이 있다.

A.1.1 원통(shell and tube)형 열교환기

다수의 관으로 되어 있는 관다발을 원통(shell) 내에 넣어서 만든 열교환기이다. 관 내를 어떤 유체가 흘러가고, 또 다른 유체가 관 밖의 원통 측을 관에 직교하도록 흐른다(〈그림 6.2〉 참조).

A.1.2 휜관(finned tube)형 열교환기

외측에 많은 형상의 휜(fin)을 붙인 관(2.3.4절 및 2.4절 참조)을 이용한 다관식 열교환기이

다. 이 중 좁은 간격으로 세워 둔 얇은 판형의 휜군을 관열이 관통하고 있는 구조의 열교환기를 특별하게 휜관(fin and tube)형 열교환기 또는 평판휜관(plate fin and tube)형 열교환기라고도 부른다(〈그림 6.3〉 참조). 공조기의 열교환기로서 널리 이용되고 있다.

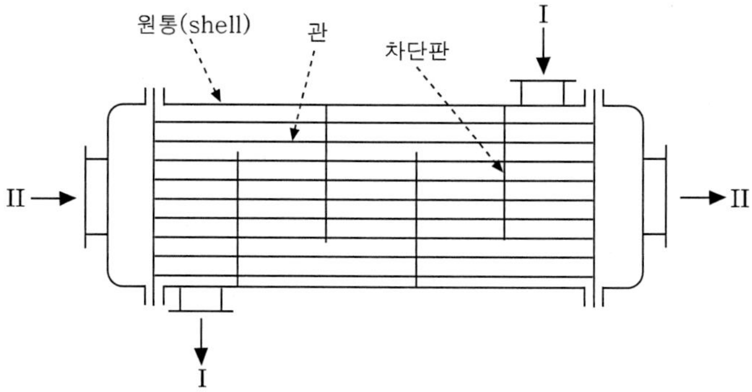

〈그림 6.2〉 원통(shell and tube)형 열교환기

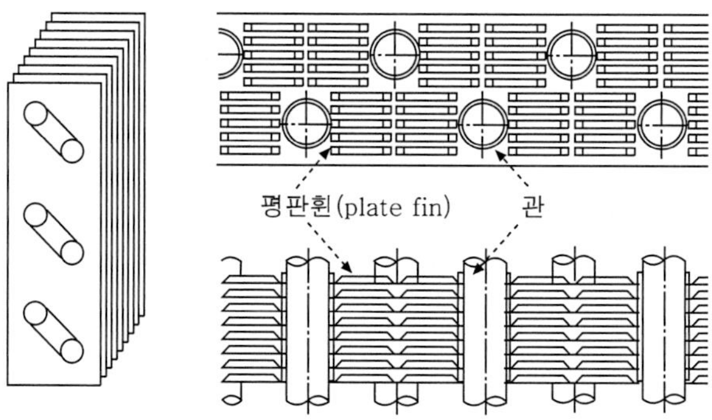

〈그림 6.3〉 휜관(fin and tube)형 열교환기

A.2 평판(plate)식 열교환기

다수의 얇은 평판을 가장자리에 패킹(packing)을 놓고 중첩하여 조립한 후 이를 따라 생긴 좁은 장방형 단면 틈새를 하나씩 건너뛰어서 각각 고온유체와 저온유체를 흘려 열교환을 이루는 형태의 열교환기이다(〈그림 6.4(a)〉 참조). 얇은 평판은 평활면 외에 파형의 립(lib)이나 요철 혹은 돌기를 붙인 것이 널리 이용되고 있다. 또 얇은 판 사이에 여러 형상의 휜(fin)을 샌드위치

상태로 삽입한 평판휜(plate fin)형 열교환기(〈그림 6.4(b)〉 참조)도 있다. 이러한 것들은 어느 것이든지 전열을 촉진하여 열교환기의 소형화를 노린 것이다.

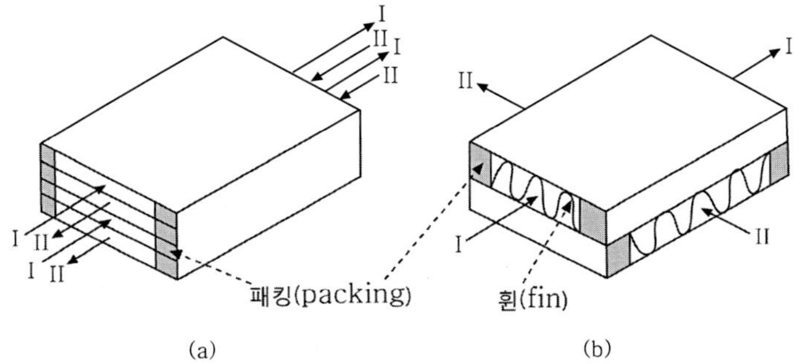

〈그림 6.4〉 평판(plate)식 열교환기

A.3 이중관식 열교환기

동심인 이중관의 내관 안쪽과 환상관 사이를 각각 온도가 다른 유체가 흐르고 내관벽을 통하여 열교환이 이루어지고 있는 형식의 열교환기(〈그림 6.5〉 참조)이다.

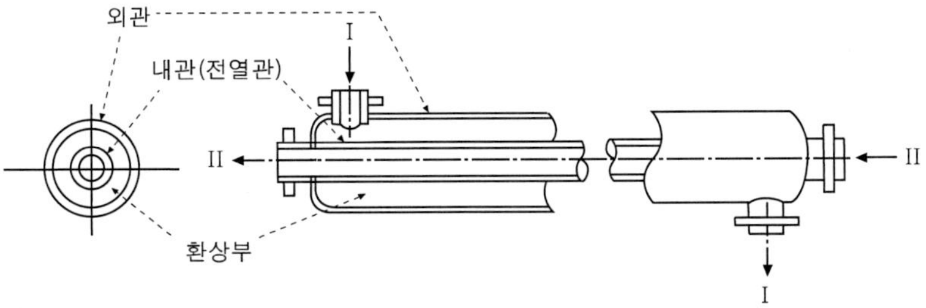

〈그림 6.5〉 이중관식 열교환기

A.4 기타

원통 또는 박스형 용기 내에 긴 관을 굴곡 또는 코일상으로 하여 배치한 단관식 열교환기나 원통의 주위에 자켓을 설치한 자켓(jacket)식 열교환기 등이 있다.

B. 축열식(재생식) 열교환기

고체 축열체의 큰 열용량을 이용하여 열교환을 이루도록 한 형식의 열교환기이다. 축열체를 교차로 고온유체와 저온유체에 접촉시켜 고온유체와 접촉하고 있을 동안 열을 흡수하여 축열체의 내부에 저장하고, 다음에 저온유체와 접촉할 때에 축적한 열을 저온유체로 방출함으로써 열교환이 이루어진다.

B.1 회전식 열교환기

많은 금속제의 얇은 판으로 구성된 축열체가 회전하고 고온유체와 저온유체로 교차로 접촉하도록 되어 있는 열교환기(〈그림 6.6(a)〉 참조)이다. 예로 화력발전소에서 보일러의 공기예열기로써 이용되고 있다.

B.2 절환식(고정식) 열교환기

밸브를 절환시켜 고온유체와 저온유체가 교대로 열교환기를 통과하도록 한 것(〈그림 6.6(b)〉 참조)이다. 이 열교환기를 두 대 설치하여 주기를 반씩 늦추어 운전하면 연속적으로 열교환을 시킬 수 있다. 예로 축열체로써 격자 상태로 배치한 벽돌을 이용한 것이 제철소 용광로의 공기예열기로 이용되고 있다.

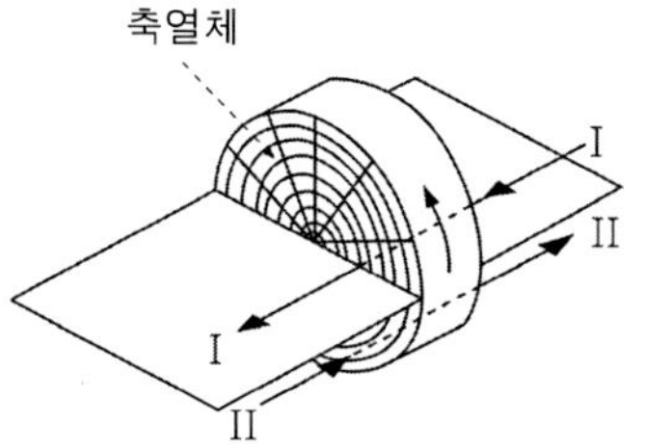

(a) 회전식

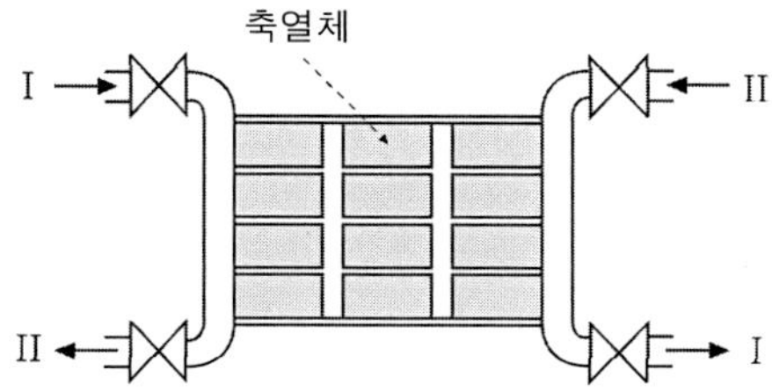

(b) 절환식

〈그림 6.6〉 축열식 열교환기

C. 직접 접촉식 열교환기

고온유체와 저온유체를 직접 접촉시켜서 열교환을 이루는 형식의 열교환기이다. 두 유체

간에는 고체벽이 존재하지 않기 때문에 그만큼 열저항이 작고 또 전열면 손상의 염려도 없다. 물과 공기를 직접 접촉시켜서 물을 냉각하는 냉각탑은 한 예이다. 또 고체를 사이에 두지 않는 점이 유사한 형태의 열교환기로 고온유체와 저온유체를 직접 혼합시킴으로써 한쪽의 유체를 가열하거나 냉각하는 혼합식 열교환기가 있다. 이 경우 양 유체는 같은 종류의 유체이어야만 한다. 물과 수증기의 경우가 공업상 자주 이용되고 있고, 예로서 증기동력 플랜트에서 혼합식 급수가열기나 분사 복수기 등이 있다.

6.2.2 유동방향에 의한 분류

두 유체의 흐름방향과 형태에 따라 열교환기를 분류하면 다음의 네 형식으로 분류된다.

A. 병류식 열교환기

두 유체의 흐름이 평행으로 같은 방향의 열교환기이다.

B. 향류식 열교환기

두 유체 흐름이 평행이며 반대방향으로 흐르는 열교환기이다. 대향류식 열교환기라고도 한다. 〈그림 6.2〉에 나타낸 원통형 열교환기와 〈그림 6.5〉의 이중관식 열교환기는 향류식으로 되어 있다. 이들의 그림에서 화살표로 나타내는 유체Ⅱ의 흐름방향이 반대가 되면 병류식이다.

C. 다중평행류식 열교환기

예를 들어 〈그림 6.7〉에 나타낸 원통형 열교환기에서 유체Ⅰ은 원통 측을 한 번 통과하지만 (1shell pass), 유체Ⅱ는 관다발 하단부의 관 내부를 먼저 왼쪽으로 향하여 흐른 후 역으로 돌아와서 관다발 상반부의 관 내를 오른쪽으로 향하여 흐르고 있고(2 tube pass), 열교환기의 하반부는 병류, 상반부는 향류로 되어 있다. 이것을 모식적으로 나타내면 〈그림 6.8(a)〉와 같이 표시할 수 있다. 이와 같이 병류와 향류가 조합된 방식의 열교환기를 일반적으로 다중평행류식 열교환기라고 한다. 위의 예와 같은 1shell pass · 2tube pass 외에 2shell pass · 4tube pass(〈그림 6.8(b)〉 참조) 등이 있다.

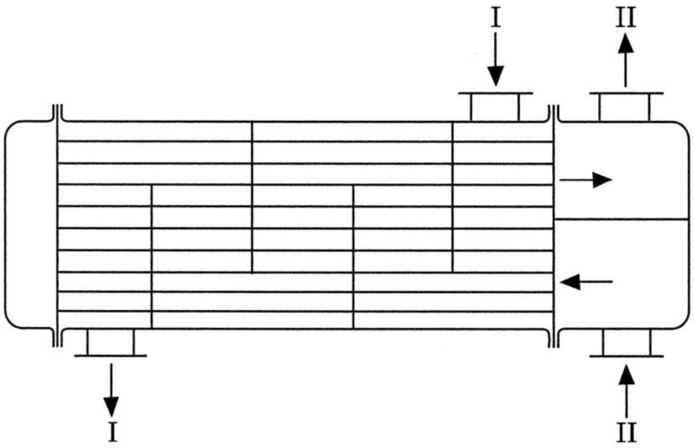

〈그림 6.7〉 이중평행류식 원통형 열교환기

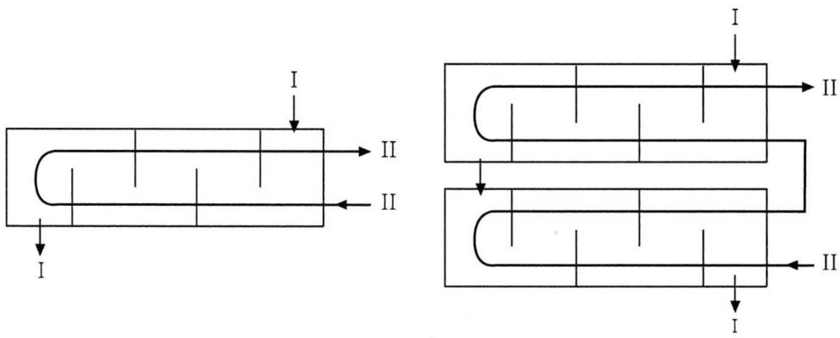

(a) 1shell pass · 2tube pass   (b) 2shell pass · 4tube pass

〈그림 6.8〉 다중평행류식 열교환기

D. 직교류식 열교환기

두 유체가 직교하는 방향으로 흐르는 열교환기(〈그림 6.9〉 참조)이다. 이 경우 각각의 유체가 각 유로 내에서 혼합되는 것과 혼합되지 않는 것이 있다. 〈그림 6.4(a)〉는 전자의 예이고 (b)는 후자의 예이다.

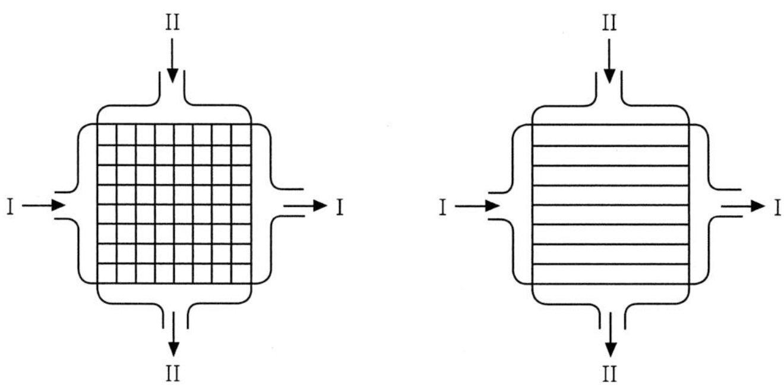

(a) 양 유체 모두 비혼합   (b) 한쪽의 유체 II만 혼합

〈그림 6.9〉 직교류식 열교환기

이상의 A~D 방식 중에서 열교환기의 성능만으로 말한다면 향류식이 최고로 좋고, 병류식이 최저이다(다음 절 참조).

6.3 대수평균온도차에 의한 계산 방법

열교환기 중에서 가장 널리 이용되고 있는 표면식 열교환기의 열계산 방법에 대해서 설명한다.

6.3.1 병류식 및 향류식 열교환기

병류식 혹은 향류식 열교환기에서 양 유체의 출입구 온도가 주어졌을 때, 필요한 전열면적 A를 구하는 것을 생각해 보자.

고체벽을 통하여 두 유체 간에 열교환이 일어날 때 열통과에 의한 전열량 Q는 일반적으로 다음 식과 같이 나타낼 수 있다(제2장 식 (2.41) 참조).

$$Q = k(T_h - T_c)A \quad [\mathrm{W}] \tag{6.2}$$

교환해야만 하는 열량 Q는 식 (6.1)로부터 구해지고, 열통과율 k를 아는 값이라 하면 식 (6.2)로부터 A를 계산할 수 있지만 열교환기 내에서 고온유체와 저온유체의 온도차 $T_h - T_c$는 일정하지 않고 장소에 따라 다르다(〈그림 6.10〉 참조). 따라서 이 온도차의 적당한 평균치를 이용하여야만 하고, 그 온도로는 다음과 같은 대수평균온도차(logarithmic mean temperature difference) ΔT_m을 이용하면 된다.

$$\Delta T_m = \frac{\Delta T_1 - \Delta T_2}{\ln \dfrac{\Delta T_1}{\Delta T_2}} \quad [\mathrm{K}\ 또는\ ℃] \tag{6.3}$$

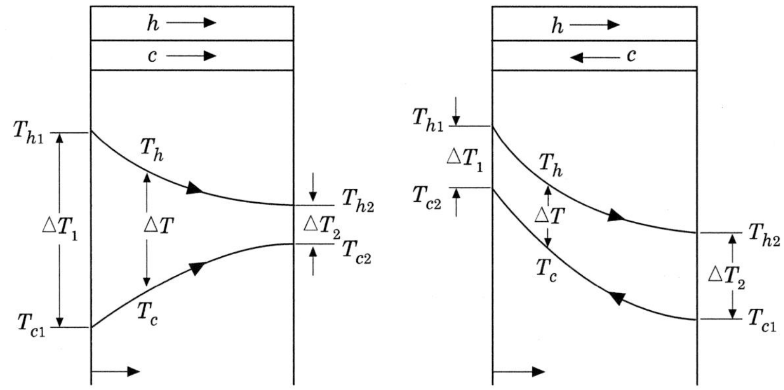

(a) 병류식 (b) 향류식

〈그림 6.10〉 병류식 및 향류식 열교환기에서 유체의 온도 분포

여기서,

$$\left.\begin{array}{l}\text{병류식의 경우}: \Delta T_1 = T_{h1} - T_{c1},\ \Delta T_2 = T_{h2} - T_{c2} \\ \text{향류식의 경우}: \Delta T_1 = T_{h1} - T_{c2},\ \Delta T_2 = T_{h2} - T_{c1}\end{array}\right\} [\text{K 또는 ℃}] \quad (6.4)$$

특히 $\frac{1}{2} < \frac{\Delta T_1}{\Delta T_2} < 2$ 의 경우에는,

$$\Delta T_m = \frac{\Delta T_1 + \Delta T_2}{2} \quad [\text{K 또는 ℃}] \quad (6.5)$$

로 하여도 최대 약 4% 온도차를 크게 계산하는 정도의 오차이다.

이 대수평균온도차를 이용하여 열교환기의 교환열량 Q[W] 또는 필요한 전열면적 A[m^2]는 다음 식으로부터 산출된다.

$$Q = k\Delta T_m A \quad [\text{W}] \quad (6.6)$$

일반적으로 향류식이 병류식보다도 대수평균온도차 ΔT_m이 커지기 때문에 같은 열량 Q를 전달하는 데 전열면적 A는 작아도 된다([예제 6.1] 참조). 또 저온유체의 출구온도 T_{c2}가

고온유체의 출구온도 T_{h2}보다 높아지도록 하는 열교환은 향류식에서는 실현 가능하지만 병류식에서는 본질적으로 불가능하다.

식 (6.3)과 식 (6.6)은 다음과 같이 유도된다.

가정 ① 정상상태가 유지되고 있다.

② 열교환기에서 외부로의 열손실은 없다.

③ 유체의 정압비열 c는 일정하다.

④ 열통과율 k는 열교환기내에서 일정하다.

〈그림 6.10〉에서 열교환기의 왼쪽 끝에서 좌표의 원점을 잡고 오른쪽을 향하여 '+'의 방향으로 한다. 열교환기 내 임의의 미소구간에서 전열면적 dA를 통한 교환열량을 $dQ(>0)$, 고온유체와 저온유체의 온도상승을 각각 dT_h와 dT_c라고 하면 이 미소구간에서 열량의 수지로부터

$$\left.\begin{aligned} dQ &= -W_h\,c_h\,dT_h \\ &= \pm W_c\,c_c\,dT_c \quad (+:\text{병류식},\ -:\text{향류식}) \end{aligned}\right\} \tag{6.7}$$

위의 식을 변형하면 각각

$$dT_h = -\frac{dQ}{W_h\,c_h} \tag{6.8}$$

$$dT_c = \pm\frac{dQ}{W_c\,c_c} \tag{6.9}$$

식 (6.8)의 각 변에서 식 (6.9)의 각 변을 빼면,

$$dT_h - dT_c = d(T_h - T_c) = d\Delta T = -\left(\frac{1}{W_h\,c_h} \pm \frac{1}{W_c\,c_c}\right)dQ \tag{6.10}$$

식 (6.10)을 열교환기의 왼쪽 끝(고온유체 입구)에서 오른쪽 끝(고온유체 출구)까지 적분한다.

$$\Delta T_1 - \Delta T_2 = \left(\frac{1}{W_h c_h} \pm \frac{1}{W_c c_c}\right) Q \tag{6.11}$$

한편 식 (6.7)로 표시되는 미소열량 dQ는 열교환기 내의 미소전열면적 dA를 통한 전열량 dQ와 같다. 즉, 식 (6.2)로부터,

$$dQ = k(T_h - T_c)\, dA = k\, \Delta T\, dA \tag{6.12}$$

식 (6.10) 우변의 dQ에 식 (6.12)를 대입하여 정리하면,

$$-\frac{d\Delta T}{\Delta T} = \left(\frac{1}{W_h c_h} \pm \frac{1}{W_c c_c}\right) k\, dA \tag{6.13}$$

식 (6.13)을 열교환기의 왼쪽 끝에서 오른쪽 끝까지 적분한다.

$$\ln\frac{\Delta T_1}{\Delta T_2} = \left(\frac{1}{W_h c_h} \pm \frac{1}{W_c c_c}\right) k\, A \tag{6.14}$$

식 (6.11)과 식 (6.14)로부터 $\left(\frac{1}{W_h c_h} \pm \frac{1}{W_c c_c}\right)$를 소거하여 정리하면

$$Q = k\, A \frac{\Delta T_1 - \Delta T_2}{\ln\frac{\Delta T_1}{\Delta T_2}} \tag{6.15}$$

위의 식 (6.15)은 식 (6.3)을 식 (6.6)에 대입한 식이다.

6.3.2 다중평행류식 및 직교류식 열교환기

이 경우의 대수평균온도차 ΔT_m을 구하는 것은 앞에서 설명한 병류식이나 향류식의 경우와

같이 간단하지 않다. 간단하게 향류식으로 생각하고 구한 대수평균온도차 ΔT_{mc}에 보정계수 F를 곱한 형식으로 이 경우의 대수평균온도차 ΔT_m를 나타내고, F에 대해서는 주어진 계산선도를 이용하면 된다.

$$Q = k\Delta T_m A = kF\Delta T_{mc}A \quad [\mathrm{W}] \tag{6.16}$$

여기서,

ΔT_m : 다중평행류식 혹은 직교류식 열교환기의 대수평균온도차[K 또는 ℃]

ΔT_{mc} : 향류식으로 산출한 대수평균온도차[K 또는 ℃]

F : 대수평균온도차에 대한 보정계수(1)(〈그림 6.11〉~〈그림 6.14〉 이용)

일반적으로 다중평행류식 또는 직교류식 열교환기에서 대수평균온도차 ΔT_m은 향류식과 병류식 사이의 값이다. 따라서 같은 열량 Q를 전달할 경우 열통과율 k가 같으면, 전열면적 A는 향류식보다 크지만 병류식보다 작아진다([예제 6.1]과 [예제 6.2] 참조).

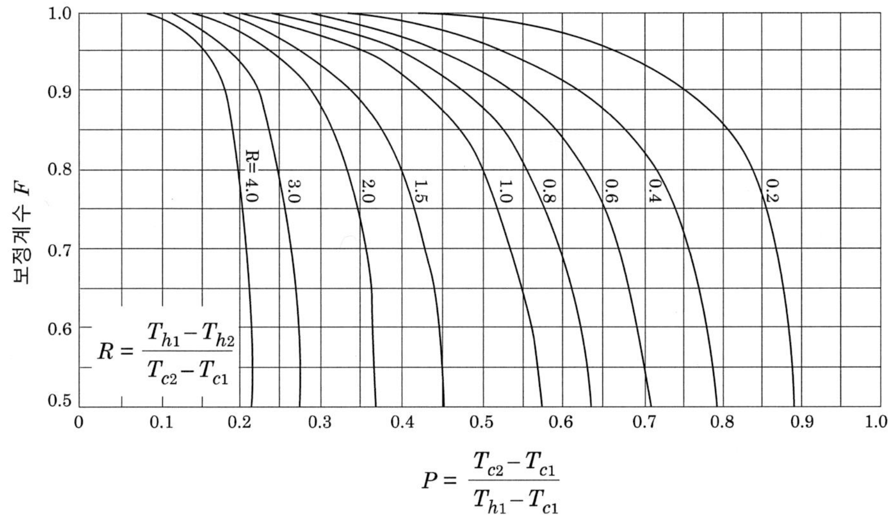

〈그림 6.11〉 대수평균온도차에 대한 보정계수(1shell pass·다tube pass)
[Holman J. P. 저 *Heat Transfer*(2nd ed.), McGraw-Hill로부터]

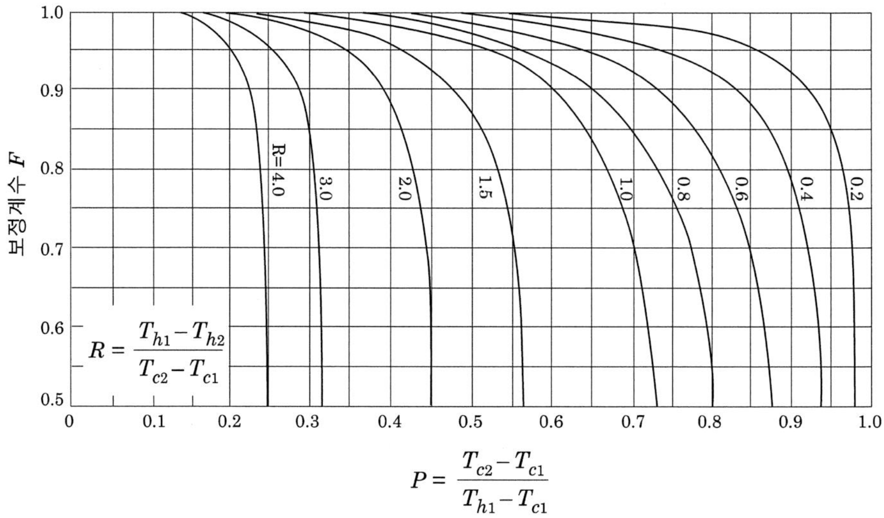

〈그림 6.12〉 대수평균온도차에 대한 보정계수(2shell pass·다tube pass)
[Holman J. P. 저 *Heat Transfer*(2nd ed.), McGraw-Hill로부터]

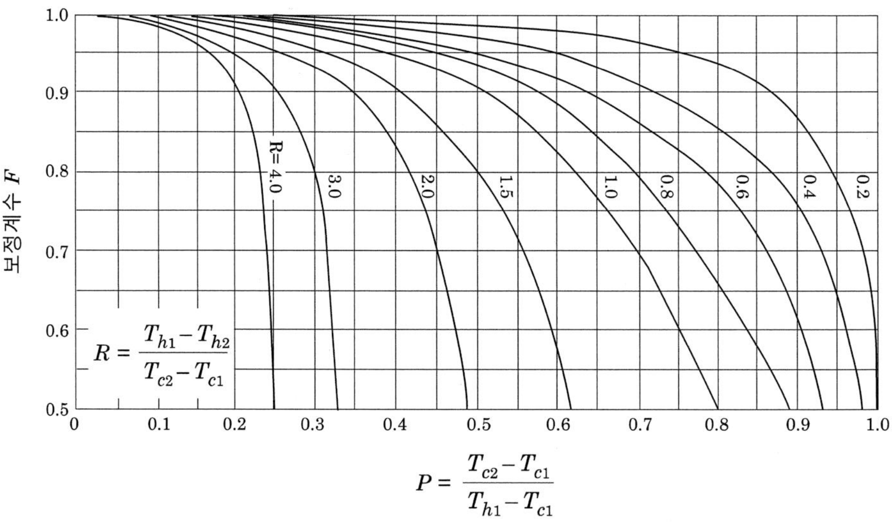

〈그림 6.13〉 대수평균온도차에 대한 보정계수(직교류-양 유체 모두 비혼합)
[Holman J. P. 저 *Heat Transfer*(2nd ed.), McGraw-Hill로부터]

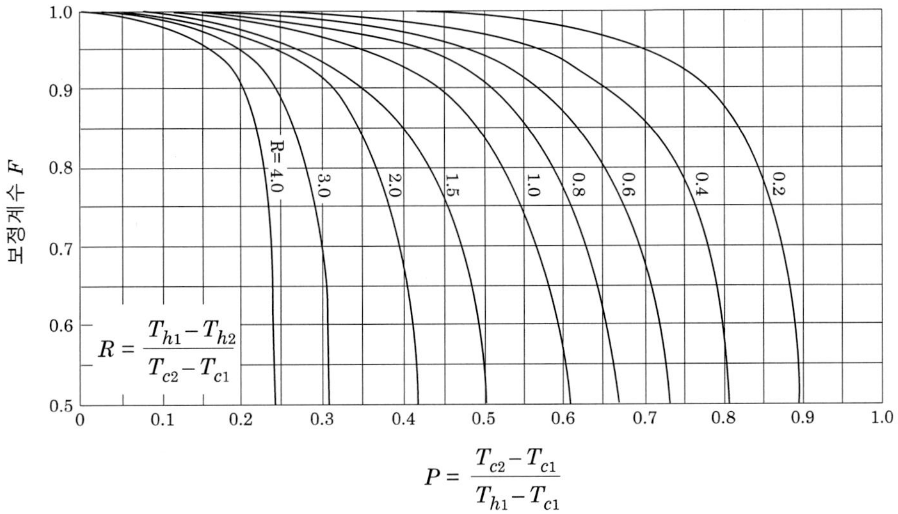

〈그림 6.14〉 대수평균온도차에 대한 보정계수(직교류－한쪽 유체만 혼합)
[Holman J. P. 저 *Heat Transfer*(2nd ed.), McGraw-Hill로부터]

예제 6.1

100kg/min의 기름[정압비열 1.88kJ/(kg·K)]을 1shell pass·1tube pass의 원통형 열교환기로 100℃에서 60℃로 냉각하고 싶다. 열교환기의 관 내를 기름이 흐르고 원통 측에는 20℃의 물[정압비열 4.18kJ/(kg·K)]이 60kg/min으로 유입한다. 병류식 및 향류식의 경우 각각 소요전열면적을 구하시오. 단, 열통과율은 350W/(m^2·K)이다.

풀이

식 (6.1)로부터,

$$Q = W_h c_h (T_{h1} - T_{h2}) = 100 \times 1.88 \times (100 - 60) = 7.52 \times 10^3 \text{kJ/min}$$

$$= W_c c_c (T_{c2} - T_{c1}) = 60 \times 4.18 \times (T_{c2} - 20)$$

$$\therefore \ T_{c2} = 50.0℃$$

$$Q = 7.52 \times 10^3 \text{kJ/min} = 125 \text{kW}$$

병류식의 경우 :

$$\Delta T_1 = T_{h1} - T_{c1} = 100 - 20 = 80℃$$

$$\Delta T_2 = T_{h2} - T_{c2} = 60 - 50.0 = 10℃$$

식 (6.3)으로부터,

$$\Delta T_m = \frac{\Delta T_1 - \Delta T_2}{\ln \frac{\Delta T_1}{\Delta T_2}} = \frac{80 - 10}{\ln \frac{80}{10}} = 33.7℃$$

식 (6.6)으로부터,

$$A = \frac{Q}{k \Delta T_m} = \frac{125 \times 10^3}{350 \times 33.7} = 10.6\,\mathrm{m}^2$$

향류식의 경우 :

$$\Delta T_1 = T_{h1} - T_{c2} = 100 - 50.0 = 50℃$$

$$\Delta T_2 = T_{h2} - T_{c1} = 60 - 20 = 40℃$$

$$\Delta T_m = \frac{\Delta T_1 - \Delta T_2}{\ln \frac{\Delta T_1}{\Delta T_2}} = \frac{50 - 40}{\ln \frac{50}{40}} = 44.8℃$$

$$A = \frac{Q}{k \Delta T_m} = \frac{125 \times 10^3}{350 \times 44.8} = 8.0\mathrm{m}^2$$

예제 6.2

[예제 6.1]에서 물은 1shell pass를, 기름은 2tube pass를 흐르는 이중평행류식의 원통형 열교환기를 사용한다. 열통과율은 변화 없이 350W/($\mathrm{m}^2 \cdot \mathrm{K}$)이다. 소요전열면적을 구하시오.

풀이

[예제 6.1]로부터, $\Delta T_{mc} = 44.8$ ℃

이 대수평균온도차에 대한 보정계수를 구한다.

$$P = \frac{T_{c2} - T_{c1}}{T_{h1} - T_{c1}} = \frac{50 - 20}{100 - 20} = 0.375$$

$$R = \frac{T_{h1} - T_{h2}}{T_{c2} - T_{c1}} = \frac{100 - 60}{50 - 20} = 1.333$$

〈그림 6.11〉에서 $F = 0.88$

식 (6.16)으로부터,

$$A = \frac{Q}{k\,F\,\Delta T_{mc}} = \frac{125 \times 10^3}{350 \times 0.88 \times 44.8} = 9.1\mathrm{m}^2$$

예제 6.3

온도 65.0℃, 유량 0.560kg/s, 정압비열 2.00KJ/(kg·K)의 기름을 이중관식 열교환기에 의해서 온도 30.0℃까지 냉각하고 싶다. 냉각용의 유체로서 온도 18.0℃, 유량 0.625kg/s, 정압비열 4.18kJ/(kg·K)의 물을 이용한다. 이때 열통과율은 내관 외표면 기준으로 730W/(m^2·K)이다. 이 열교환기의 소요전열면적(내관 외표면적)[m^2]을 구하시오.

풀이

식 (6.1)로부터,

$$Q = W_h\, c_h (T_{h1} - T_{h2}) = 0.560 \times 2.00 \times (65.0 - 30.0) = 39.2\,\mathrm{kW}$$

$$= W_c\, c_c (T_{c2} - T_{c1}) = 0.625 \times 4.18 \times (T_{c2} - 18.0)$$

$$\therefore\ T_{c2} = 33.0℃$$

이중관식 열교환기가 병류식, 향류식에 관계없이 $T_{c2} > T_{h2}$이기 때문에 병류식으로는 실현불가능하고 향류식이 된다.

$$\Delta T_1 = T_{h1} - T_{c2} = 65.0 - 33.0 = 32.0℃$$

$$\Delta T_2 = T_{h2} - T_{c1} = 30.0 - 18.0 = 12.0℃$$

식 (6.3)으로부터,

$$\Delta T_m = \frac{32.0 - 12.0}{\ln\dfrac{32.0}{12.0}} = 20.4℃$$

식 (6.6)으로부터,

$$A = \frac{Q}{k\,\Delta T_m} = \frac{39.2 \times 10^3}{730 \times 20.4} = 2.63\,\mathrm{m}^2$$

예제 6.4

수평관내를 흐르고 있는 9.90t/h의 물을 바깥쪽에서 대기압(0.101MPa)의 포화수증기로 20℃에서 60℃까지 가열하는 급수가열기를 설계하고자 한다. 사용하는 동관의 외경은 21.0mm, 관벽 두께는 1.2mm, 관재의 열전도율은 54W/(m·K)이다. 관의 길이를 얼마로 하면 좋은가? 또 건포화수증기로 유입하고 포화수로 나가는 것으로 하여 필요한 증기량을 구하시오. 단, 마찰손실에 대한 제한으로 관 내를 흐르는 물의 속도는 0.75m/s 이하로 하시오.

풀이

$$D_o = 21.0\,\mathrm{mm},\ D_i = 18.6\,\mathrm{mm},\ \lambda = 54\mathrm{W/(m\cdot K)}$$

먼저 대수평균온도차를 구한다.

$T_{h1} = T_{h2} = 100℃$ (대기압에서 수증기의 포화온도)

$$\Delta T_1 = T_{h1} - T_{c2} = 100 - 60 = 40℃$$

$$\Delta T_2 = T_{h2} - T_{c1} = 100 - 20 = 80℃$$

$$\therefore\ \Delta T_m = \frac{\Delta T_1 - \Delta T_2}{\ln\dfrac{\Delta T_1}{\Delta T_2}} = \frac{40 - 80}{\ln\dfrac{40}{80}} = 57.7℃$$

물의 물성치는 평균온도 T_{cm}에서 값으로 하고 이 T_{cm}은 다음의 값을 이용한다.

$$T_{cm} = T_{hm} - \Delta T_m = 100 - 57.7 = 42.3℃$$

42.3℃의 물의 물성치는 〈표 3.1〉에서 내삽하여,

$$\rho_c = 991.3\text{kg/m}^3,\ c_c = 4.18\text{kJ/(kg·K)}$$

$$\nu_c = 0.638 \times 10^{-6}\text{m}^2/\text{s},\ \lambda_c = 0.631\text{W/(m·K)},\ Pr_c = 4.19$$

20℃의 물을 60℃까지 가열하는 데 필요한 열량 Q는 식 (6.1)로부터,

$$Q = W_c c_c (T_{c2} - T_{c1}) = \frac{9.90 \times 10^3}{3600} \times 4.18 \times (60 - 20) = 460\text{kW}$$

수증기는 응축에 의해서 열을 방출하기 때문에,

$$W_h (h_{h1} - h_{h2}) = W_h \Delta h_v = Q$$

여기서, h_{h1} : 입구에서 건포화수증기의 비엔탈피[J/kg]

h_{h2} : 출구에서 포화수의 비엔탈피[J/kg]

Δh_v : 수증기의 응축잠열[J/kg]

〈표 3.1〉로부터, $\Delta h_v = 2257\text{kJ/kg}$

따라서 필요한 증기량 W_h는,

$$W_h = \frac{Q}{\Delta h_v} = \frac{460}{2257} = 0.2038\text{kg/s} = 734\text{kg/h}$$

관 1개의 유로단면적 A_c는,

$$A_c = \frac{\pi}{4} D_i^2 = \frac{\pi}{4} \times 0.0186^2 = 2.72 \times 10^{-4}\text{m}^2$$

관의 수를 n개로 하면 관 내의 물의 속도 u_c는,

$$u_c = \frac{W_c}{n\,\rho_c A_c} = \frac{9.90 \times 10^3}{3600 \times n \times 991.3 \times 2.72 \times 10^{-4}}$$

문제에서, $u_c \leq 0.75\text{m/s}$이기 때문에,

$$n \geq \frac{9.90 \times 10^3}{3600 \times 991.3 \times 2.72 \times 10^{-4} \times 0.75} = 13.6$$

$n = 14$개로 한다(속도가 0.75m/s 이하라는 조건을 만족하는 범위 내에서 가능한 한 큰 것이 좋다). 이때,

$$u_c = \frac{9.90 \times 10^3}{3600 \times 14 \times 991.3 \times 2.72 \times 10^{-4}} = 0.729\text{m/s}$$

물 측의 열전달율을 산출한다.

$$Re = \frac{u_c D_i}{\nu_c} = \frac{0.729 \times 0.0186}{0.638 \times 10^{-6}} = 2.12 \times 10^4 \quad \therefore \text{ 난류}$$

식 (3.79)로부터,

$$\alpha_c = 0.023 \frac{\lambda_c}{D_i} Re^{0.8} Pr_c^{0.4}$$

$$= 0.023 \times \frac{0.631}{0.0186} \times (2.12 \times 10^4)^{0.8} \times 4.19^{0.4}$$

$$= 4.00 \times 10^3 \text{W/(m}^2 \cdot \text{K)}$$

계속하여 수증기 측의 열전달율(응축열전달율)을 구한다.

관은 2tube pass($N = 2$)로 한다. 따라서 관군의 관수는 $Nn = 2 \times 14 = 28$개. 관은 수직방향으로 4개($n_a = 4$), 수평방향으로 7개의 정열배열로 한다. 또 2tube pass로 하여도 $T_{h1} = T_{h2} = \text{const.}$이기 때문에 병류와 향류의 구별은 없고 대수평균온도차 ΔT_m은 앞에서 구한 값을 그대로 사용할 수 있다(즉 $F = 1$).

관 외면의 평균온도를 80℃로 가정하고, (100 + 80) = 90℃에서 압축수의 물성치는 〈표 3.1〉에서,

$$\rho_l = 965.2\text{kg/m}^3,\ \mu_l = 0.315 \times 10^{-3}\text{Pa}\cdot\text{s},\ \lambda_l = 0.672\text{W/(m}\cdot\text{K)}$$

관 외면의 평균온도를 T_{wm}으로 하고 식 (4.24)와 식 (4.25)로부터,

$$\alpha_h = 0.725\left[\frac{g\,\rho_l^2\,\lambda_l^3\,\Delta h_v}{D_o\,\mu_l\,(T_s - T_{wm})}\right]^{1/4} n_a^{-0.16}$$

$$= 0.725\left[\frac{9.807 \times 965.2^2 \times 0.672^3 \times 2257 \times 10^3}{0.0210 \times 0.315 \times 10^{-3} \times (100 - T_{wm})}\right]^{1/4} \times 4^{-0.16}$$

$$\therefore\ \alpha_h = \frac{1.811 \times 10^4}{(100 - T_{wm})^{1/4}} \qquad (1)$$

한편 관 내의 물에서 관 외면까지의 열통과[식 (2.57) 참조] 및 관 외면에서의 열전달을 생각하면

$$Q = \frac{(T_{wm} - T_{cm})\pi L}{\dfrac{1}{\alpha_c D_i} + \dfrac{1}{2\lambda}\ln\dfrac{D_o}{D_i}} = \alpha_h (T_{hm} - T_{wm})\pi D_o L$$

$$\therefore\ T_{wm} = \frac{K T_{cm} + \alpha_h D_o T_{hm}}{K + \alpha_h D_o} \qquad \text{단, } K = \frac{1}{\dfrac{1}{\alpha_c D_i} + \dfrac{1}{2\lambda}\ln\dfrac{D_o}{D_i}}$$

알고 있는 수치를 이들의 식에 대입하면

$$K = \frac{1}{\dfrac{1}{4.00 \times 10^3 \times 0.0186} + \dfrac{1}{2 \times 54}\ln\dfrac{21.0}{18.6}} = 68.7\text{W/(m}\cdot\text{K)}$$

$$T_{wm} = \frac{68.7 \times 42.3 + \alpha_h \times 0.0210 \times 100}{68.7 + \alpha_h \times 0.0210}$$

$$\therefore\ T_{wm} = \frac{2906 + 2.10\,\alpha_h}{68.7 + 0.0210\,\alpha_h} \tag{2}$$

식 (1)과 식 (2)로부터 반복계산으로 α_h와 T_{wm}을 구한다. 초기치로 $T_{wm} = 80℃$를 가정한다.

T_{wm}(가정)	α_h[식 (1)로부터]	T_{wm}[식 (2)로부터]
80	8.56×10^3	84.0
84.0	9.06×10^3	84.7
84.7	9.16×10^3	84.8
84.8	9.17×10^3	84.8

$$\therefore\ \alpha_h = 9.17 \times 10^3 \mathrm{W/(m^2 \cdot K)},\ \ T_{wm} = 84.8℃$$

(100 + 84.2)/2 = 92.4℃에서 물의 물성치는 앞에서 이용한 90℃에서의 값과 거의 변화가 없기 때문에 위의 계산으로도 충분하다.

관의 외표면 기준 열통과율은 식 (2.61)로부터,

$$\frac{1}{k_2} = \frac{1}{\alpha_c}\frac{D_o}{D_i} + \frac{D_o}{2\lambda}\ln\frac{D_o}{D_i} + \frac{1}{\alpha_h}$$

$$= \frac{0.0210}{4.00 \times 10^3 \times 0.0186} + \frac{0.0210}{2 \times 54}\ln\frac{21.0}{18.6} + \frac{1}{9.17 \times 10^3}$$

$$= 4.15 \times 10^{-4}\,\mathrm{(m^2 \cdot K)/W}$$

관의 전체 외표면적은 식 (6.6)으로부터,

$$A_o = \frac{Q}{k_2 \Delta T_m} = \frac{4.60 \times 10^5 \times 4.15 \times 10^{-4}}{57.7} = 3.31\mathrm{m^2}$$

구하는 관의 길이 L은 $A_o = nN\pi D_o L$이기 때문에,

$$L = \frac{A_o}{nN\pi D_o} = \frac{3.31}{14\times 2\times \pi\times 0.0210} = 1.79\text{m}$$

예제 6.5

3.90kg/s의 물이 원통형 열교환기로 30℃에서 50℃까지 가열된다. 원통은 1pass이고 여기에 95℃의 온수가 1.94kg/s로 들어온다. 원관의 내경은 20mm이고, 원관 내의 물의 평균유속은 0.42m/s로 하고 싶다. 이때 관 내표면 기준의 열통과율은 1400W/(m^2·K)이다. 공간상의 제한 때문에 열교환기의 관 길이는 2.5m 이상으로는 불가능하다. 이 열교환기에 소요되는 tube의 pass수, 1tube pass당 관의 수와 관의 길이를 구하시오.

풀이

관의 pass수를 N, 1tube pass당 관의 수를 n으로 한다.

처음에는 1tube pass($N=1$)로 가정하여 계산하고 그 결과가 조건을 만족하지 않으면 관의 pass수를 증가시킨다.

냉수 및 온수의 정압비열은 〈표 3.1〉에서 각각

$$c_c = 4.18\text{kJ}/(\text{kg}\cdot\text{K}),\ c_h = 4.20\text{kJ}/(\text{kg}\cdot\text{K})$$

식 (6.1)로부터,

$$\begin{aligned} Q &= W_c c_c (T_{c2} - T_{c1}) = 3.90\times 4.18\times (50-30) = 326\,\text{kW} \\ &= W_h c_h (T_{h1} - T_{h2}) = 1.94\times 4.20\times (95 - T_{h2}) \end{aligned}$$

$\therefore\ T_{h2} = 55.0℃$

향류식으로 한다. 이때,

$$\Delta T_1 = T_{h1} - T_{c2} = 95 - 50 = 45℃$$

$$\Delta T_2 = T_{h2} - T_{c1} = 55.0 - 30 = 25℃$$

식 (6.3)으로부터,

$$\Delta T_m = \frac{\Delta T_1 - \Delta T_2}{\ln\frac{\Delta T_1}{\Delta T_2}} = \frac{45 - 25}{\ln\frac{45}{25}} = 34.0℃$$

전열면적(관의 내표면적) A는 식 (6.6)으로부터,

$$A = \frac{Q}{k\Delta T_m} = \frac{326 \times 10^3}{1400 \times 34.0} = 6.85\mathrm{m}^2$$

한편 $W_c = \rho_c u_c A_c$이고 〈표 3.1〉에서 $\rho_c = 992.3\mathrm{kg/m}^3$이다.
따라서 저온유체의 전체 유로단면적 A_c는,

$$A_c = \frac{W_c}{\rho_c u_c} = \frac{3.90}{992.3 \times 0.42} = 0.00936\mathrm{m}^2$$

$A_c = n\frac{\pi}{4}D^2$이기 때문에 관의 수 n은,

$$n = \frac{4A_c}{\pi D^2} = \frac{4 \times 0.00936}{\pi(0.020)^2} = 29.8 \rightarrow 30개$$

전열면적(관의 내표면적)은 $A = nN\pi DL$이기 때문에,

$$L = \frac{A}{nN\pi D} = \frac{6.85}{30 \times 1 \times \pi \times 0.020} = 3.63\,\mathrm{m}$$

이 길이는 제한치 2.5m보다 길다. 따라서 관의 pass수를 더 많이 할 필요가 있다. 이에

2tube pass($N=2$)로 한다.

이 경우 대수평균온도차에 대한 보정계수 F는,

$$P=\frac{T_{c2}-T_{c1}}{T_{h1}-T_{c1}}=\frac{50-30}{95-30}=0.308$$

$$R=\frac{T_{h1}-T_{h2}}{T_{c2}-T_{c1}}=\frac{95-55}{50-30}=2.00$$

〈그림 6.11〉로부터, $F=0.872$

식 (6.16)으로부터,

$$A=\frac{Q}{kF\Delta T_{mc}}=\frac{326\times10^3}{1400\times0.872\times34.0}=7.85\,\mathrm{m}^2$$

A_c 및 n은 1tube pass의 경우와 마찬가지다. 따라서,

$$L=\frac{A}{nN\pi D}=\frac{7.85}{30\times2\times\pi\times0.020}=2.08\,\mathrm{m}$$

이 길이는 제한치인 2.5m 이하이다. 따라서,

tube의 pass수 $N=2$

1tube pass당 관의 수 $n=30$개

1tube pass당 관의 길이 $L=2.08$m

예제 6.6

전열면적이 0.50m^{2}이고 열통과율이 4.6kW/(m$^2\cdot$K)인 이중평행류식 열교환기에서 고온유체는 입구온도 60℃, 유량 0.56kg/s의 물이고 저온유체는 입구온도 20℃, 유량 1.12kg/s의 물이다. 각 유체의 출구온도 및 교환열량을 구하시오.

풀이

$$W_h = 0.56\text{kg/s},\ W_c = 1.12\text{kg/s},\ T_{h1} = 60℃,\ T_{c1} = 20℃$$

$$A = 0.50\text{m}^2,\ k = 4.6\,\text{kW/(m}^2\cdot\text{K)}$$

〈표 3.1〉에서 $c_h = c_c = 4.18\,\text{kJ/(kg}\cdot\text{K)}$

$T_{h2} = 40℃$ 로 가정한다.

식 (6.1)로부터,

$$Q_1 = 0.56 \times 4.18 \times (60 - 40) = 46.8\text{kW}$$
$$= 1.12 \times 4.18 \times (T_{c2} - 20)$$
$$\therefore\ T_{c2} = 30\,℃$$

향류식으로서의 대수평균온도차는 $\varDelta T_1 = T_{h1} - T_{c2} = 30℃$, $\varDelta T_2 = T_{h2} - T_{c1} = 20℃$ 이기 때문에,

$$\varDelta T_{mc} = \frac{30 - 20}{\ln \dfrac{30}{20}} = 24.7℃$$

이 대수평균온도차에 대한 보정계수 F는,

$$P = \frac{T_{c2} - T_{c1}}{T_{h1} - T_{c1}} = \frac{30 - 20}{60 - 20} = 0.25,\quad R = \frac{T_{h1} - T_{h2}}{T_{c2} - T_{c1}} = \frac{60 - 40}{30 - 20} = 2.0$$

〈그림 6.11〉에서, $F = 0.94$

식 (6.16)으로부터,

$$Q_2 = kF\varDelta T_{mc}A = 4.6 \times 0.94 \times 24.7 \times 0.50 = 53.4\,\text{kW}$$

이상의 계산에서는 Q_1과 Q_2가 동일하지 않다. 이것이 동일해질 때까지 반복계산을 한다.

$$Q_1 = \frac{46.8+53.4}{2} = 50.1\,\mathrm{kW}$$ 로 가정한다.

위와 마찬가지로 계산을 하면,

$$T_{h2} = 38.6\,℃,\ T_{c2} = 30.7\,℃,\ \Delta T_{mc} = 23.55\,℃,$$
$$P = 0.268,\ R = 2.00,\ F = 0.925$$
$$Q_2 = 50.1\,\mathrm{kW} = Q_1$$
$$\therefore\ T_{h2} = 38.6\,℃,\ T_{c2} = 30.7\,℃,\ Q = 50\,\mathrm{kW}$$

참고

이 예제에서 나타낸 것과 같이 열교환기(형식과 전열면적) 및 사용하는 유체의 조건(유체의 입구온도와 유량)이 주어지고(따라서, 열통과율도 기지), 교환열량 혹은 양 유체의 출구온도를 구할 경우, 대수평균온도차를 이용하는 방법에서는 일반적으로 반복계산으로 구하여야 한다.

6.4 열교환유효율·열통과단위수에 의한 계산방법

앞 장의 [예제 6.1~6.5]와 같이 유체의 입구온도 T_{h1}, T_{c1} 및 출구온도 T_{h2}, T_{c2}를 알고 있거나 혹은 이들 중 하나를 몰라도 열수지의 식 (6.1)로부터 바로 결정이 가능한 경우에는, 앞 장에서 서술한 대수평균온도차를 이용한 방법으로 전열면적 A를 용이하게 산출이 가능하다. 하지만 열교환기 및 양 유체의 유량이 주어져 있고 양 유체 각각의 입구 또는 출구 온도 하나를 모르는 경우, 그들의 온도를 구하기 위해서 대수평균온도차의 방법으로는 앞 장의 [예제 6.6]과 같이 반복계산을 하여야만 한다.

이에 열교환기에 관한 또 다른 열계산 방법인 열교환유효율과 열통과단위수를 이용하는 방법에 대해서 서술한다. 이 방법은 유체의 출구 또는 입구 온도를 모르는 경우뿐 아니라 알고 있는 경우에도 적용 가능한 계산 방법이다.

열교환기 내를 흐르는 유체의 열용량 유량을 다음과 같이 생각한다.

$$C = Wc : \text{열용량유량[W/K]} \tag{6.17}$$

여기서, W : 질량유량[kg/s]

c : 유체의 정압비열[J/(kg·K)]

고온과 저온의 두 유체 중에서,

$$\left.\begin{aligned} C_{\min} &= Min(C_c,\ C_h) \\ C_{\max} &= Max(C_c,\ C_h) \end{aligned}\right\} \ [\mathrm{W/K}] \tag{6.18}$$

로 둔다(Min 및 Max는 각각 두 개의 값 중 작은 쪽 및 큰 쪽을 나타낸다).

한편, 열교환기의 유효율 즉 열교환유효율(heat-exchanger effectiveness) ε는 다음과 같이 정의된다.

$$\varepsilon = \frac{\text{실제 교환열량 } Q}{\text{이상 교환열량 } Q_\infty} \tag{6.19}$$

여기서, 실제 교환열량 : $Q = C_h(T_{h1} - T_{h2}) = C_c(T_{c2} - T_{c1})$ [W] (6.20)

이상 교환열량 : 양 유체의 주어진 입구온도에서 열역학적으로 가능한 최대의 열교환량으로, 전열면적 무한대인 향류식 열교환기에서 가능하다.

$$Q_\infty = C_{\min}(T_{h1} - T_{c1}) \ [\mathrm{W}] \tag{6.21}$$

따라서,

$$\varepsilon = \frac{C_h(T_{h1} - T_{h2})}{C_{\min}(T_{h1} - T_{c1})} = \frac{C_c(T_{c2} - T_{c1})}{C_{\min}(T_{h1} - T_{c1})} \tag{6.22}$$

즉,

$$C_{\min} = C_h \text{ 일 때} : \varepsilon = \frac{T_{h1} - T_{h2}}{T_{h1} - T_{c1}} \tag{6.23}$$

$$C_{\min} = C_c \text{ 일 때} : \varepsilon = \frac{T_{c2} - T_{c1}}{T_{h1} - T_{c1}} \tag{6.24}$$

열교환유효율 ε의 값을 알면, 다음 식으로 교환열량 Q가 산출된다.

$$Q = \varepsilon C_{\min}(T_{h1} - T_{c1}) \ [\mathrm{W}] \tag{6.25}$$

참고

열교환유효율 ε은 열통과유효도, 열교환유효도 혹은 에너지효율 등으로도 불린다. 그리고 이와는 별도로,

$$\varepsilon_h = \frac{T_{h1} - T_{h2}}{T_{h1} - T_{c1}} \tag{6.26}$$

$$\varepsilon_c = \frac{T_{c2} - T_{c1}}{T_{h1} - T_{c1}} \tag{6.27}$$

로 정의되는 ε_h와 ε_c를 각각 고온 측의 온도효율 및 저온 측의 온도효율이라 부른다. 식 (6.26)과 식 (6.27)의 ε_h와 ε_c는 각각 식 (6.23)과 식 (6.24)의 ε과는 달리 두 유체의 열용량유량 C의 대소에 관계없이 정의되어 있는 것이다. 이와 같은 온도효율은 물리적으로 무의미하고 유용성도 없다. 예를 들어 $C_h < C_c$이라면 저온유체의 가능한 최대 온도상승은 $T_{h1} - T_{c1}$보다 반드시 작고, 어떠한 극한의 이상적인 열교환기를 생각하여도 저온유체가 $T_{h1} - T_{c1}$의 온도상승을 얻는 것은 있을 수가 없다. 따라서 이 경우 식 (6.27)의 ε_c는 무의미하고, 한편 의미가 있는 식 (6.26)의 ε_h는, 식 (6.23)의 열교환유효율 ε 그대로이다. 이와 같이 저온유체와 고온유체의 각각에 대하여 온도효율을 정의하는 것은 무의미하고 이들은 실제 사용상에서 유용한 지표로도 되어 있지 않다.

위에서 설명한 것과 같이 ε_h와 ε_c 중, 어느 것 하나가 무의미하고 나머지 하나가 식 (6.23) 또는 식 (6.24)의 ε과 같기 때문에 열교환유효율 ε을 온도효율이라고 불러도 좋을 것이다. 여기서는 온도효율보다 좀 더 적당한 표현으로 생각되는 열교환유효율로 부르기로 한다.

다음으로 열교환유효율을 구하기 위해서 열교환유효율과 열교환기의 특성치인 전열면적, 열통과율 및 열용량유량과의 관계를 생각하여 본다.

예로써 병류식 열교환기에 대해서 생각한다.

앞 장의 식 (6.14)를 다시 정리하면,

$$\frac{T_{h2}-T_{c2}}{T_{h1}-T_{c1}}=\exp\left[-kA\left(\frac{1}{C_h}+\frac{1}{C_c}\right)\right] \tag{6.28}$$

한편 식 (6.20)으로부터,

$$T_{h2}=T_{h1}-\frac{C_c}{C_h}(T_{c2}-T_{c1}) \tag{6.29}$$

식 (6.29)를 식 (6.28)의 좌변 T_{h2}에 대입한다.

$$\begin{aligned}\text{식 (6.28)의 좌변} &= \frac{T_{h1}-\dfrac{C_c}{C_h}(T_{c2}-T_{c1})-T_{c2}}{T_{h1}-T_{c1}}\\ &= \frac{(T_{h1}-T_{c1})-\dfrac{C_c}{C_h}(T_{c2}-T_{c1})-(T_{c2}-T_{c1})}{(T_{h1}-T_{c1})}\\ &= 1-\frac{T_{c2}-T_{c1}}{T_{h1}-T_{c1}}\left(1+\frac{C_c}{C_h}\right)\end{aligned} \tag{6.30}$$

$$\therefore\ \frac{T_{c2}-T_{c1}}{T_{h1}-T_{c1}}=\frac{1-\exp\left[-\dfrac{kA}{C_c}\left(1+\dfrac{C_c}{C_h}\right)\right]}{1+\dfrac{C_c}{C_h}} \tag{6.31}$$

$C_{min} = C_c$이라면, ε은 식 (6.24)로 표시되기 때문에 식 (6.31)로부터,

$$\varepsilon = \frac{1 - \exp\left[-\frac{kA}{C_c}\left(1 + \frac{C_c}{C_h}\right)\right]}{1 + \frac{C_c}{C_h}} \tag{6.32}$$

단, $C_{min} = C_c$,

$C_{max} = C_h$

한편, $C_{min} = C_h$일 때는 다음과 같이 된다.

식 (6.20)으로부터,

$$T_{c2} = T_{c1} - \frac{C_h}{C_c}(T_{h1} - T_{h2}) \tag{6.33}$$

식 (6.33)을 식 (6.28)의 T_{c2}에 대입하여 정리하면,

$$\frac{T_{h1} - T_{h2}}{T_{h1} - T_{c1}} = \frac{1 - \exp\left[-\frac{kA}{C_h}\left(1 + \frac{C_h}{C_c}\right)\right]}{1 + \frac{C_h}{C_c}} \tag{6.34}$$

이 경우 ε은 식 (6.23)으로 표시되기 때문에 식 (6.34)로부터,

$$\varepsilon = \frac{1 - \exp\left[-\frac{kA}{C_h}\left(1 + \frac{C_h}{C_c}\right)\right]}{1 + \frac{C_h}{C_c}} \tag{6.35}$$

단, $C_{min} = C_h$

$C_{max} = C_c$

식 (6.32)와 식 (6.35)를 정리하여 나타내면,

$$\varepsilon = \frac{1 - \exp\left[-\frac{kA}{C_{min}}\left(1 + \frac{C_{min}}{C_{max}}\right)\right]}{1 + \frac{C_{min}}{C_{max}}} \tag{6.36}$$

향류식 열교환기의 경우에도, 위에서 기술한 병류식의 경우와 마찬가지로 다음 식을 유도할 수가 있다.

$$\varepsilon = \frac{1 - \exp\left[-\frac{kA}{C_{min}}\left(1 - \frac{C_{min}}{C_{max}}\right)\right]}{1 - \left(\frac{C_{min}}{C_{max}}\right)\exp\left[-\frac{kA}{C_{min}}\left(1 - \frac{C_{min}}{C_{max}}\right)\right]} \tag{6.37}$$

즉, 일반적으로 열교환기의 특성치 사이에는 다음과 같은 관계가 있다.

$$\varepsilon = f\left(\frac{kA}{C_{min}}, \frac{C_{min}}{C_{max}}\right) \tag{6.38}$$

관수 f의 형태는 유동방향에 의해서 분류한 열교환기의 형식에 따라 달라진다.

kA/C_{min}은 열통과단위수(number of heat transfer unit) 혹은 NTU라고 부르고 이를 NTU로 기술한다. NTU는 열교환기에서 열이 통과하기 쉬운 정도를 나타내고 kA를 C_{min}으로 나눈 값으로 열교환기의 상대적인 크기를 나타내는 무차원지표로 생각할 수 있다. 각종 형식의 열교환기에 대하여 식 (6.38)의 관계를 나타내는 선도가 작성되어 있다[(2)](〈그림 6.15〉~〈그림 6.20〉). 계산을 할 때 이 선도를 이용하면 된다.

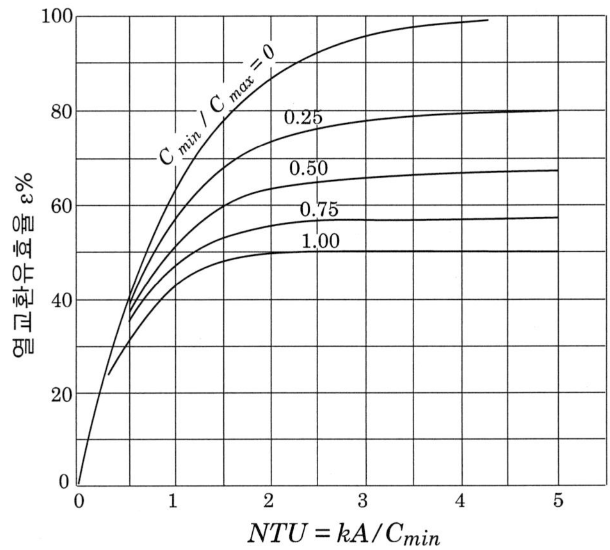

〈그림 6.15〉 병류식 열교환기의 열교환유효율

[Holman J. P. 저 *Heat Transfer*(2nd ed.), McGraw-Hill로부터]

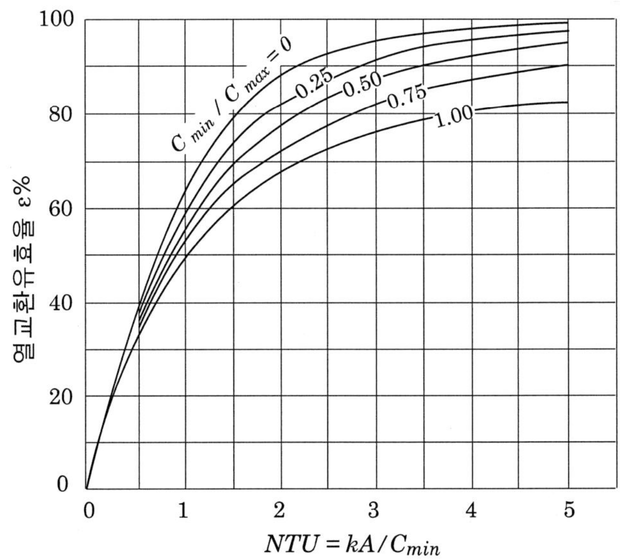

〈그림 6.16〉 향류식 열교환기의 열교환유효율

[Holman J. P. 저 *Heat Transfer*(2nd ed.), McGraw-Hill로부터]

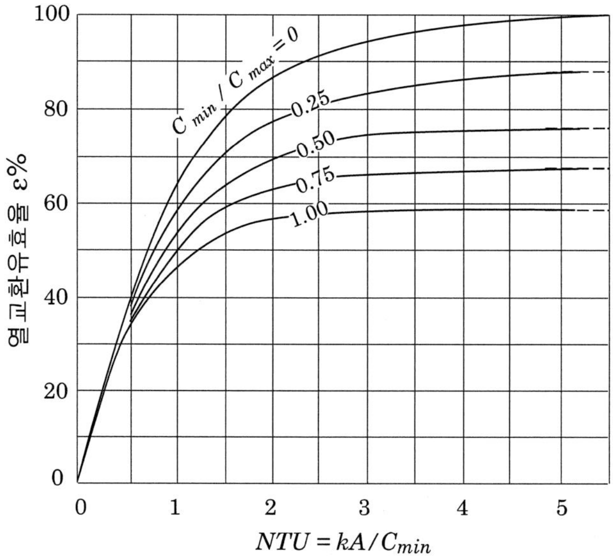

〈그림 6.17〉 다중평행류식 열교환기(1shell pass · 다tube pass)의 열교환유효율 [Holman J. P. 저 *Heat Transfer*(2nd ed.), McGraw-Hill로부터]

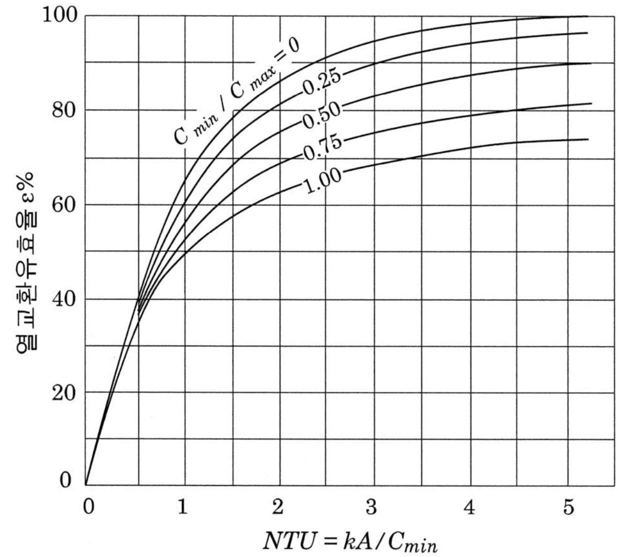

〈그림 6.18〉 다중평행류식 열교환기(2shell pass · 다tube pass)의 열교환유효율 [Holman J. P. 저 *Heat Transfer*(2nd ed.), McGraw-Hill로부터]

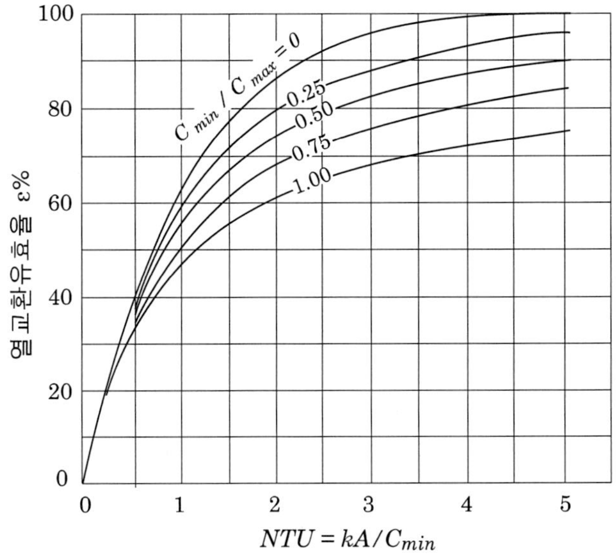

〈그림 6.19〉 직교류식 열교환기(양 유체 모두 비혼합)의 열교환유효율
[Holman J. P. 저 *Heat Transfer*(2nd ed.), McGraw-Hill로부터]

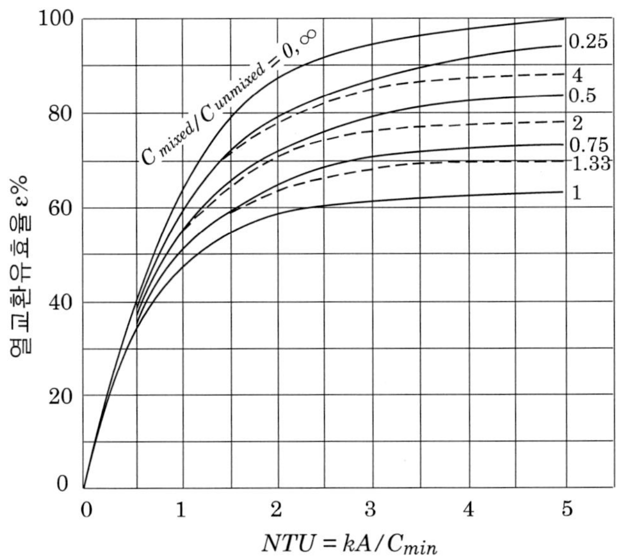

〈그림 6.20〉 직교류식 열교환기(한쪽의 유체만 혼합)의 열교환유효율
[Holman J. P. 저 *Heat Transfer*(2nd ed.), McGraw-Hill로부터]

예제 6.7

[예제 6.1]와 [예제 6.2]를 열교환기유효율 · 열통과단위수($\varepsilon - NTU$)의 방법으로 계산하시오.

풀이

$$C_h = 100 \times 1.88 = 188\text{kJ}/(\text{min}\cdot\text{K}) = C_{min} = 3.13\text{kW}/\text{K}$$

$$C_c = 60 \times 4.18 = 251\text{kJ}/(\text{min}\cdot\text{K}) = C_{max}$$

$$\frac{C_{\min}}{C_{\max}} = \frac{188}{251} = 0.75$$

식 (6.23)으로부터,

$$\varepsilon = \frac{T_{h1} - T_{h2}}{T_{h1} - T_{c1}} = \frac{100 - 60}{100 - 20} = 0.50$$

병류식의 경우 :

〈그림 6.15〉에서 $NTU = kA/C_{\min} = 1.19$

$$\therefore\ A = NTU \cdot \frac{C_{\min}}{k} = \frac{1.19 \times 3.13 \times 10^3}{350} = 10.6\text{m}^2$$

향류식의 경우 :

〈그림 6.16〉에서 $NTU = 0.89$

$$\therefore\ A = \frac{0.89 \times 3.13 \times 10^3}{350} = 8\text{m}^2$$

이중평행류식(1shell pass · 2tube pass)의 경우 :

〈그림 6.17〉에서 $NTU = 1.00$

$$\therefore\ A = \frac{1.00 \times 3.13 \times 10^3}{350} = 8.9\text{m}^2$$

예제 6.8

[예제 6.6]을 $\varepsilon - NTU$의 방법으로 계산하시오. 또 [예제 6.6]과 같은 조건으로 이중평행류식 대신 향류식의 열교환기를 이용하였을 때 양 유체의 출구온도 및 교환열량을 구하시오.

풀이

$$C_c = 1.12 \times 4.18 = 4.68\text{kW/K} = C_{\max}$$

$$C_h = 0.56 \times 4.18 = 2.34\text{kW/K} = G_{\min}$$

$$\frac{C_{\min}}{C_{\max}} = \frac{2.34}{4.68} = 0.50$$

$$NTU = \frac{kA}{C_{\min}} = \frac{4.6 \times 0.50}{2.34} = 0.98$$

이중평행류식의 경우 :

〈그림 6.17〉에서 $\varepsilon = 0.53$

식 (6.23)으로부터,

$$\varepsilon = \frac{T_{h1} - T_{h2}}{T_{h1} - T_{c1}} = \frac{60 - T_{h2}}{60 - 20} = 0.53$$

$$\therefore\ T_{h2} = 38.8\,℃$$

식 (6.20)으로부터,

$$Q = C_h (T_{h1} - T_{h2}) = 2.34 \times (60 - 38.8) = 49.6\text{kW} \simeq 50\text{kW}$$

$$T_{c2} = T_{c1} + \frac{Q}{C_c} = 20 + \frac{49.6}{4.68} = 30.6℃$$

향류식의 경우 :

〈그림 6.16〉에서 $\varepsilon = 0.56$

$$\varepsilon = \frac{60 - T_{h2}}{60 - 20} = 0.56 \quad \therefore \ T_{h2} = 37.6\,℃$$

$$Q = 2.34 \times (60 - 37.6) = 52.4\,\text{kW} \simeq 52\,\text{kW}$$

$$T_{c2} = 20 + \frac{52.4}{4.68} = 31.2\,℃$$

예제 6.9

20℃, 1.20kg/s로 유입하는 냉수로, 0.60kg/s의 온수를 80℃ 에서 40℃ 로 냉각하도록 설계된 향류식 열교환기[열통과율 1800W/(m^2 · K)]가 있다. 이 열교환기에서 각각 다음과 같이 사용 조건이 변경되었을 경우에 교환열량 및 온수의 출구온도를 구하시오. 단, 온수의 입구온도와 온수의 유량은 어느 경우에도 변화가 없는 것으로 한다.

(1) 냉수의 입구온도 10℃, 냉수의 유량 불변, 열통과율 불변

(2) 냉수의 유량 1.50kg/s, 냉수의 입구온도 불변, 열통과율 1930W/(m^2 · K)

풀이

물의 비열은 〈표 3.1〉에서 $c_c = 4.18\,\text{kJ/(kg·K)}$, $c_h = 4.19\,\text{kJ/(kg·K)}$

먼저, 이 열교환기의 전열면적을 구한다.

설계조건일 때 :

$$C_h = 0.60 \times 4.19 = 2.51\,\text{kW/K} = C_{\min}$$

$$C_c = 1.20 \times 4.18 = 5.02\,\text{kW/K} = C_{\max}$$

$$\frac{C_{\min}}{C_{\max}} = \frac{2.51}{5.02} = 0.50$$

식 (6.23)으로부터, $\varepsilon = \dfrac{T_{h1} - T_{h2}}{T_{h1} - T_{c1}} = \dfrac{80 - 40}{80 - 20} = 0.667$

〈그림 6.16〉에서, $NTU = kA/C_{\min} = 1.40$

$$\therefore \ A = 1.40 \frac{C_{\min}}{k} = 1.40 \times \frac{2.51 \times 10^3}{1800} = 1.95\,\text{m}^2$$

(1)의 경우 :

C_{min}/C_{max} 및 kA/C_{min}의 값은 변화가 없기 때문에 ε의 값도 변화가 없다.

식 (6.25)으로부터,

$$Q = \varepsilon C_{min}(T_{h1} - T_{c1}) = 0.667 \times 2.51 \times (80 - 10) = 117\,\text{kW}$$

식 (6.23)으로부터,

$$T_{h2} = T_{h1} - \varepsilon(T_{h1} - T_{c1}) = 80 - 0.667 \times (80 - 10) = 33.3\,℃$$

(2)의 경우 :

$$C_h = 2.51\text{kW/K}(\text{불변}) = C_{min}$$

$$C_c = 1.50 \times 4.18 = 6.27\text{kW/K} = C_{max}$$

$$\frac{C_{min}}{C_{max}} = \frac{2.51}{6.27} = 0.40$$

$$\frac{kA}{C_{min}} = \frac{1930 \times 1.95}{2.51 \times 10^3} = 1.50$$

〈그림 6.16〉에서 $\varepsilon = 0.71$

$$\therefore\ Q = 0.71 \times 2.51 \times (80 - 20) = 107\,\text{kW}$$

$$T_{h2} = 80 - 0.71 \times (80 - 20) = 37.4\,℃$$

참고

이 예제를 대수평균온도차를 이용하는 방법으로 풀려면 (1), (2)의 경우 모두 앞에서 기술한 반복계산을 하여야만 한다.

6.5 오염계수

열교환기를 장기간 사용하면 통상 그 전열면에 녹이 슬거나 스케일 등이 부착한다. 이는 열통과에 대해 부가적인 열저항이 되고, 열교환기 성능을 저하시킨다. 이 스케일 등의 부착물 두께 δ_f와 열전도율 λ_f를 실측하는 것은 어렵기 때문에 다음 식으로 정의되는 열저항 R_f를 이용하는 것이 편리하다. 이 R_f를 오염계수(fouling factor)라고 부른다.

$$R_f = \frac{\delta_f}{\lambda_f} \quad [\mathrm{m^2 \cdot K/W}] \tag{6.39}$$

예를 들어 평판전열면에서 양면이 깨끗한 경우와 한쪽 면만 오염된 경우에 열통과율을 각각 k_c와 k_f라고 하면 이들의 값을 실측함으로써 R_f는 다음 식으로 구해진다.

$$R_f = \frac{1}{k_f} - \frac{1}{k_c} \quad [\mathrm{m^2 \cdot K/W}] \tag{6.40}$$

오염계수 R_f 값은 유체의 종류와 온도, 전열면의 종류, 유로의 형상, 사용시간, 내부 청소의 정도 등에 따라서 다르지만, 간단하게 유체의 종류만으로 결정된 R_f의 표준치가 주어져 있다[3]. 그 대표적인 예를 〈표 6.1〉에 나타낸다.

열교환기의 설계 혹은 성능보증을 위해서 오염계수에 관해서는 미리 검토해 두어야 하지만, 이때는 통상 〈표 6.1〉에 나타낸 것과 같은 표준치(평균적인 사용 조건에서 오염계수)를 이용한다. 원관에서 오염계수를 고려한 외표면 기준의 열통과율 k_2는 다음 식으로 계산된다.

$$\frac{1}{k_2} = \frac{1}{\alpha_1}\frac{R_o}{R_i} + R_{f1}\frac{R_o}{R_i} + \frac{R_o}{\lambda}\ln\frac{R_o}{R_i} + R_{f2} + \frac{1}{\alpha_2} \tag{6.41}$$

〈표 6.1〉 오염계수 R_f의 값

유체의 종류	R_f [$m^2 \cdot K/W$]
증류수	0.00009
수도 혹은 샘물	0.00018(50℃ 이하), 0.00035(50℃ 이하)
해수	0.00009(50℃ 이하), 0.00018(50℃ 이하)
처리한 보일러 수	0.00009(50℃ 이하), 0.00018(50℃ 이하)
수증기(기름을 불포함)	0.00009
수증기(기름을 포함)	0.00018
냉매증기(기름을 포함)	0.00035
냉매액	0.00018
유압용 및 윤활용 기름	0.00018
연료유	0.0009
석유	0.00018
공기	0.00035
연소가스	0.0018

예제 6.10

내경 18mm, 외경 21mm의 동관과 내경 30mm의 동관으로 만들어진 동심 이중관의 향류식 열교환기에서, 내관을 흐르는 0.220kg/s의 물[입구온도 70℃, 정압비열 4.19KJ/(kg·K)]로 환상부를 흐르는 1.10kg/s의 연료유[비열 1.88kJ/(kg·K)]를 15℃에서 25℃까지 높이고 싶다. 물 측의 열전달율은 4.80kW/(m^2·K), 기름 측의 열전달율은 1.25kW/(m^2·K)이다. 사용 중 전열면이 오염되는 것을 고려하여 필요한 관의 길이를 구하시오. 단, 사용하는 물은 통상의 보일러급수와 동일하게 처리되어 있다.

풀이

$$D_i = 0.018\text{m},\ D_o = 0.021\text{m}$$

$$\alpha_1 = 4.80\text{kW}/(\text{m}^2 \cdot \text{K}),\ \alpha_2 = 1.25\text{kW}/(\text{m}^2 \cdot \text{K})$$

〈표 6.1〉에서 오염계수 $R_{f1} = 0.00018\text{m}^2 \cdot \text{K/W}$, $R_{f2} = 0.0009\text{m}^2 \cdot \text{k/W}$로 한다.
동관 관벽 내의 열저항$\simeq \dfrac{\delta}{\lambda} = \dfrac{0.0015}{372} = 0.000004\text{m}^2 \cdot \text{k/W} \ll \dfrac{1}{\alpha_1}, \dfrac{1}{\alpha_2}, R_{f1}, R_{f2}$.

따라서, 이 저항은 무시하여도 좋다.

관 외표면 기준의 열통과율 k_2는 식 (6.41)로부터,

$$\frac{1}{k_2} = \left(\frac{1}{\alpha_1} + R_{f1}\right)\frac{D_o}{D_i} + R_{f2} + \frac{1}{\alpha_2}$$

$$= \left(\frac{1}{4.80} + 0.00018 \times 10^3\right) \times \frac{0.021}{0.018} + 0.0009 \times 10^3 + \frac{1}{1.25}$$

$$= 2.15\text{m}^2 \cdot \text{K/kW}$$

식 (6.1)로부터,

$$Q = W_c c_c (T_{c2} - T_{c1}) = 1.10 \times 1.88 \times (25 - 15) = 20.7\text{kW}$$

$$= W_h c_h (T_{h1} - T_{h2}) = 0.220 \times 4.19 \times (70 - T_{h2})$$

$$\therefore\ T_{h2} = 47.5℃$$

$$\Delta T_1 = T_{h1} - T_{c2} = 70 - 25 = 45℃$$

$$\Delta T_2 = T_{h2} - T_{c1} = 47.5 - 15 = 32.5℃$$

식 (6.3)으로부터,

$$\Delta T_m = \frac{\Delta T_1 - \Delta T_2}{\ln\dfrac{\Delta T_1}{\Delta T_2}} = \frac{45 - 32.5}{\ln\dfrac{45}{32.5}} = 38.4℃$$

식 (6.6)으로부터,

$$A_o = \frac{Q}{k_2 \Delta T_m} = \frac{20.7 \times 2.15}{38.4} = 1.16\text{m}^2$$

$$\therefore\ L = \frac{A_o}{\pi D_o} = \frac{1.16}{\pi \times 0.021} = 17.6\text{m}$$

별해

k_2의 값을 구한 후에는 다음과 같이 해도 풀 수 있다.

$$C_h = W_h c_h = 0.220 \times 4.19 = 0.922\text{kW/K} = C_{\min}$$

$$C_c = W_c c_c = 1.10 \times 1.88 = 2.07\text{kW/K} = C_{\max}$$

$$\frac{C_{\min}}{C_{\max}} = \frac{0.922}{2.07} = 0.445$$

식 (6.22)로부터,

$$\varepsilon = \frac{C_c(T_{c2} - T_{c1})}{C_{\min}(T_{h1} - T_{c1})} = \frac{2.07 \times (25 - 15)}{0.922 \times (70 - 15)} = 0.408$$

〈그림 6.15〉에서 $NTU = 0.58$

$$A_o = NTU \times \frac{C_{\min}}{k_2} = 0.58 \times 0.922 \times 2.15 = 1.15\text{m}^2$$

$$\therefore\ L = \frac{1.15}{\pi \times 0.021} = 17.4\text{m}$$

연습문제

6.1 표면식 열교환기를 이용하여 유량 9.56kg/s, 입구온도 15℃, 정압비열 4.18kJ/(kg·K)인 물로, 유량 8.90kg/s, 정압비열 3.74kJ/(kg·K)인 에틸렌글리콜 수용액을 온도 75℃에서 45℃까지 냉각한다. 열교환기에서 평균열통과율은 500W/(m^2·K)이다. 병류식 및 향류식으로 할 경우, 각각 필요한 전열면적을 구하시오.

6.2 온도 75℃, 유량 1.20kg/s, 정압비열 2.00kJ/(kg·K)인 기름을 열교환기에서 물과 열교환하여 냉각시킨다. 사용하는 물의 온도는 25℃, 유량은 1.00kg/s, 정압비열은 4.20kJ/(kg·K)이다. 이 경우에 대하여 다음 질문에 답하시오.

(1) 열역학적으로 가능한 최대 교환열량(이상 교환열량)을 구하시오,

(2) 실제로 어떤 향류식 열교환기를 사용하였을 때 기름이 40℃까지 냉각되었다. 이 열교환기의 열교환유효율을 구하시오.

(3) 위 (2)의 경우 열교환기의 전열면적이 12.4m^2이다. 평균열통과율은 얼마로 추정되는가?

6.3 100℃의 포화수증기를 관 외면에서 응축시킴으로써 관 내를 흐르는 물을 가열하는 원통형 열교환기가 있다. 물의 처음 온도는 55℃, 유량은 1.79kg/s이다. 열교환기 관 내면의 면적은 3.03m^2, 물의 비열은 4.19×10^3J/(kg·K), 응축 평균열전달율은 9.20×10^3W/(m^2·K), 관재의 열전도율은 50.0W/(m·K), 관벽의 두께는 3.00mm이고, 이 관벽의 두께는 관 내경에 비하여 대단히 얇기 때문에 관벽 내의 열전도에 관해서는 관 벽의 곡률을 무시하고 평판으로 계산하여도 좋다. 관의 내경에 대한 외경의 비는 1.20이기 때문에 관의 내외표면적 차이는 고려한다. 이 열교환기로부터 나가는 물의 온도가 85℃일 때, 관 내에서 물의 평균열전달율은 얼마로 되어 있을까?

6.4 이중관 열교환기에서 18℃, 0.082kg/s인 물로, 0.066kg/s의 기름을 61℃에서 36℃로 냉각하고 싶다. 내관의 외경은 24.0mm, 내경은 22.0mm이고 기름은 내관 내를 흐른다. 기름과 물이 같은 방향으로 흐를 때와 반대 방향으로 흐르는 경우에 대하여 각각 필요한 관의 길이를 구하시오. 단, 물 및 기름 측의 평균열전달율을 각각 500W/(m^2·K) 및 80W/(m^2·K), 물과 기름의 정압비열을 각각 4.19kJ/(kg·K)과 1.88kJ/(kg·K)로 하고 관벽 내의 열전도저항은 대단히 작아 무시한다.

6.5 80℃ 벤젠의 건포화증기를 1.00kg/s 발생하는 증류탑이 있다. 13℃의 물 4.70kg/s를 사용하여 이 벤젠의 증기를 47℃인 액체가 될 때까지 냉각하기 위해서 향류식의 열교환기를 이용한다. 열교환기에서 열통과율은 벤젠의 응축부에서는 2.40kW/(m^2·K), 벤젠액의 냉각부에서는 1.26kW/(m^2·K)이다. 필요한 전열면적을 구하시오. 단, 벤젠의 증발잠열, 액체벤젠의 정압비열 및 냉각수의 정압비열은 각각 395kJ/kg, 1.76kJ/(kg·K) 및 4.19kJ/(kg·K)이다.

6.6 양 유체가 물인 전열면적 1.26m^{2}의 향류식 열교환기를 사용하기 시작했을 때, 고온측의 물은 입구온도가 80℃, 출구온도가 40℃, 유량이 0.200kg/s이고 저온측의 물은 입구온도가 20℃, 출구온도가 40℃였다. 양 유체의 유량과 입구온도를 일정하게 유지하고 장시간 사용하였더니 전열면의 오염 때문에 고온측 물의 출구온도는 44℃가 되었다. 이 열교환기를 사용하기 시작했을 때와 장시간 사용 후의 열통과율 및 열교환유효율을 각각 구하시오. 단, 물의 정압비열은 4.20kJ/(kg·K)이다.

6.7 온도 100℃의 포화수증기로 30℃의 물 2.20kg/s를 72℃까지 높이는 전열면적 3.47m^{2}인 가열기가 있다. 수증기는 포화수 또는 습증기의 상태로 가열기를 나간다. 이 가열기를 장시간 사용하였더니 물 측의 전열면 오염 때문에 물의 가열기 출구온도가 65℃가 되었다. 이때 물 측의 오염계수 [m^2·K/W]를 구하시오. 단, 물의 정압비열은 4.20kJ/(kg·K)이다.

6.8 온도 60℃, 유량 0.60kg/s, 정압비열 2.00kJ/(kg·K)인 기름을 열교환기로 물과 열교환시켜

냉각한다. 사용하는 물은 온도 15℃, 유량 0.50kg/s, 정압비열 4.20kJ/(kg·K)이고, 열교환기는 전열면적 6.81m^2, 평균열통과율 285W/(m^2·K)의 향류식 열교환기이다. 이때 냉각되어 나가는 기름의 온도는 몇 ℃가 될 것인지 추정하시오.

6.9 전열면적이 38.9m^2, 열통과율이 105W/(m^2·K)인 휜관형 직교류식 열교환기(양 유체 모두 비혼합)에서 유량 1.53kg/s, 온도 250℃로 유입하는 고온가스를 이용하여 유량 1.10kg/s, 온도 35℃인 물을 가열한다. 고온가스의 정압비열은 1.00kJ/(kg·K), 물의 정압비열은 4.19kJ/(kg·K)로 한다. 가스와 물의 출구온도 및 교환열량을 구하시오.

연습문제 풀이

2.1 $4\pi r^2 dr$의 미소체적요소에 열전도로 들어오는 열량 Q_r과 나가는 열량 Q_{r+dr}을 Fourier의 법칙을 이용하여 나타내고, $Q_r = Q_{r+dr}$로 하면 된다.

2.2

$$x = 0\ ;\ \frac{dT_A}{dx} = 0,\ x = a\ ;\ T_A = T_B,$$

$$x = a\ ;\ -\lambda_A \frac{dT_A}{dx} = -\lambda_B \frac{dT_B}{dx},$$

$$x = a\ ;\ -\lambda_A \frac{dT_A}{dx} = aH,\ x = a + b\ ;\ -\lambda_B \frac{dT_B}{dx} = \alpha(T_B - T_b)$$

인 5개의 조건을 이용하여 정해지지 않은 계수를 구하면 된다.

$$A_0 = aH\left(\frac{1}{\alpha} + \frac{a}{2\lambda_A} + \frac{b}{\lambda_B}\right) + T_b,\ A_1 = 0,\ A_2 = -\frac{H}{2\lambda_A},$$

$$B_0 = aH\left(\frac{1}{\alpha} + \frac{a+b}{\lambda_b}\right) + T_b,\ B_1 = -\frac{aH}{\lambda_B}$$

2.3 연료펠릿 내에서는 열전도의 기초미분방정식과 경계조건

$$\frac{d}{dr}\left(r\frac{dT}{dr}\right) = -\frac{H}{\lambda}r,\ r = 0\ ;\ \frac{dT}{dr} = 0,\ r = R_1\ ;\ T = T_1$$

을 풀고, $T_c - T_1 = \dfrac{HR_1^2}{4\lambda_1}$

피복관에서는 식 (2.33)으로부터, $T_1 - T_2 = \dfrac{HR_1^2}{2\lambda_2}\ln\dfrac{R_2}{R_1}$

외표면에서는, $T_2 - T_b = \dfrac{HR_1^2}{2\alpha R_2}$

따라서, $T_c - T_b = \dfrac{HR_1^2}{4\lambda_1}\left(1 + \dfrac{2\lambda_1}{\lambda_2}\ln\dfrac{R_2}{R_1} + \dfrac{2\lambda_1}{\alpha R_2}\right)$

2.4 식 (2.25)로부터 64.0W/(m · K)

2.5 (1) 평판 A와 B 내에서는 온도공배 dT_A/dx, dT_B/dx가 일정하지만, 평판 C 내에서는 λ_C가 일정함에도 불구하고 dT_C/dx는 일정하지 않고, 3에서 2를 향해 점차 커지고 있다. Fourier의 법칙으로부터, 이것은 열유속이 점차 커지고 있는 것 외에는 원인을 고려할 수 없다(평판 C의 내부에서 열이 발생하고 있고, 그 열이 면 3의 방향으로는 흐르지 않고 면 2의 방향으로만 흐르는 경우에, 평판 C 내의 열유속은 3에서 2를 향해 점차 커진다). 따라서 $q_1 = q_2 > q_3$이다.
(2) 같은 열유속의 값에서, $\left|\dfrac{dT_A}{dx}\right|_1 < \left|\dfrac{dT_B}{dx}\right|_1 = \left|\dfrac{dT_B}{dx}\right|_2 < \left|\dfrac{dT_C}{dx}\right|_2$로 되어 있기 때문에 $\lambda_A > \lambda_B > \lambda_C$이다.

2.6 점 a 및 점 b에 각각 사방에서 열전도로 유입되는 열량의 총합이 영(0)인 점 a와 점 b에서 열수지의 식을 세워서 풀면 된다.
$T_a = 60℃$, $T_b = 40℃$.

2.7 점 1, 2, 3, 4에서 점 0으로 열전도로 유입하는 열량과, 공기에서 점 0으로 대류전열로 들어오는 열량의 총합이 영(0)이라고 하는 열수지의 식을 만들면

$$0.80\left(\frac{84 - T_0}{0.04}\times 0.02 + \frac{72 - T_0}{0.04}\times 0.02 + \frac{110 - T_0}{0.04}\times 0.04 + \frac{94 - T_0}{0.04}\times 0.04\right)$$
$$+ 14(20 - T_0)\times 0.04 = 0$$

이것을 풀면, $T_0 = 80℃$.

2.8 식 (2.44)로부터 21mm.

2.9 문제의 의미로부터 $Q_1/Q_2 = 2$, 식 (2.44)를 이용하여 30mm.

2.10 $Q \le 0.0327 \times 0.02 \times 2202 \times 10^3 = 1440\,\mathrm{W}$.

식 (2.57)로부터, $R \ge 0.022\exp\left(1.29 - \dfrac{0.016}{R}\right)$.

이것을 반복계산으로 풀면, $R \ge 62$mm.

따라서 보온재의 두께는 40mm 이상.

2.11 식 (2.81)과 식 (2.87)로부터 ① 40.1W, 90.5% ② 16.5W, 37.2%, ③ 3.53W, 8.0%. 휜의 형상과 치수가 동일한 경우, 열전도율이 큰 재질의 휜일수록 방열량이 크고, 휜효율도 높다.

2.12 문제의 의미로부터, $\alpha(T_0 - T_b)(A_0 - NA) + NQ_f = 2\alpha(T_0 - T_b)A_0$, Q_f는 식 (2.81) 또는 식 (2.85)로부터 구하여진다. 3,730개.

3.1 공기 측에 휜을 붙인다. 열통과를 촉진시키기 위해서는 열통과의 저항을 구성하고 있는 각 열저항 중에서 최대의 저항을 작게 하면 된다(2.3.4절 참조). 일반적으로 금속벽 내의 열전도저항은 극단적으로 작다. 공기 측의 열전달율은 물 측의 열전달율에 비하여 통상 1/100배 정도 작다(예를 들면 [예제 3.8] 참조). 따라서 공기 측의 열전달저항이 최대이기 때문에 이것을 작게 하면 된다. 휜을 붙임에 따라 열저항 $1/(\alpha A)$의 A를 크게 할 수 있기 때문에 이 열저항이 작아진다([예제 2.11] 참조).

3.2 (1) 일정한 온도의 평판을 따라 흐르고 있기 때문에 식 (3.7)을 적용하여 평균열전달율을 구하면 된다.

(2) 평균열전달율과 전열면적은 변화 없이 온도차만 0.5배가 되기 때문에 식 (3.4)로부터 0.5배.

(3) 평균열전달율은 주류 속도의 0.5승에 비례하기 때문에 식 (3.4)로부터 0.707배

(4) 평균열전달율은 평판 길이의 0.5승에 반비례하고 여기에 더하여 전열면적이 0.5배가 되기 때문에 식 (3.4)로부터 0.707배.

3.3 평판표면온도는 평판의 후연에서 최대가 되기 때문에 여기서의 열전달율을 생각하면 된다. 식 (3.48)과 식 (3.54)를 이용하여 16.1m/s 이상.

3.4 식 (2.44)로부터, $T_1 = \frac{Q}{A}\left(\frac{\delta}{\lambda} + \frac{1}{\alpha}\right) + T_2 \leq 80℃$.
이로부터, $a \geq 119\mathrm{W/(m \cdot K)}$ 따라서 13.0m/s 이상.

3.5 두 실험의 경우를 A 및 B로 하면 공기의 접근온도는 동일하기 때문에 $Pr_A = Pr_B$.
따라서,

$$\frac{\alpha_B}{\alpha_A} = \left(\frac{u_{0B}}{u_{0A}}\right)^m \left(\frac{L_A}{L_B}\right)^{1-m}$$

위 식의 양변에서 대수를 잡아, m을 구하는 식으로 정리하고, A와 B의 실험식을 이용하면

$$m = \frac{\ln\frac{90}{74}}{\ln\frac{20}{15}} = 0.68$$

(1) $72\mathrm{W/(m^2 \cdot K)}$, (2) $53\mathrm{W/(m^2 \cdot K)}$

3.6 $q = -\lambda\left(\frac{\partial T}{\partial y}\right)_{y=0} = \frac{4\lambda(T_w - T_m)}{R}$으로 되기 때문에, $Nu = \frac{\alpha D}{\lambda} = 8$.

3.7 흐름 중에 미소체적요소 $dx \cdot dy \cdot 1$을 가정하고, 이것에 관한 열량의 수지를 생각하면, 다음의 에너지방정식이 구해진다.

$$u\frac{\partial T}{\partial x} = a\frac{\partial^2 T}{\partial y^2}$$

이 식에 u의 주어진 식을 대입하고 $dT_w/dx = \text{const.}$이기 때문에 $\partial T/\partial x = \text{const.}$인 것을 고려하여, 경계조건 $y = 0$; $\partial T/\partial y = 0$, $y = b$; $T = T_w$ 조건에서 적분하면 된다.

식 (3.69)를 이용하여, $T_w - T_m = \frac{136}{175}(T_w - T_c)$.

$$q = \lambda\left(\frac{\partial T}{\partial y}\right)_{y=b} = \frac{35}{17}\frac{\lambda}{b}(T_w - T_m)$$ 으로 되기 때문에,

$$Nu = \frac{2\alpha b}{\lambda} = \frac{70}{17} = 4.12.$$

3.8 $T_w = 0$℃이기 때문에 식 (3.71)로부터, $T_m - T_w = \dfrac{33-23}{\ln\dfrac{33}{23}} = 27.7℃ = T_m$.

27.7℃에서 공기의 물성치를 〈표 3.4〉에 내삽하여 구한다.

$$Q = 0.0202 \times 1.173 \times 1.007 \times 10^3 (33 - 23) = 239\text{W}$$

$Re = 3.95 \times 10^4$ 이므로 난류이다. 식 (3.79)로부터,

$\alpha = 61\text{W}/(\text{m}^2\cdot\text{K})$, $Q = \alpha(T_m - T_w)\pi DL$이기 때문에 $L = 1.1\text{m}$.

3.9 $q = 916 \times 0.45 = 412\text{W}/\text{m}^2 = \alpha(T_w - T_\infty)$. T_w의 값을 가정하여 식 (3.85) 또는 식 (3.86)[실제로는 지금의 경우 $Gr\cdot Pr > 10^7$이기 때문에, 식 (3.86)]으로부터 α를 구하고, 위의 식으로부터 T_w를 산출하여 가정치와 같아질 때까지 반복계산을 한다.

$T_w = 91℃$.

3.10 $$\frac{Q}{L} = \frac{2\pi\lambda(T_i - T_o)}{\ln\dfrac{R_o}{R_i}} = \alpha(T_o - T_b)2\pi R_o.$$

따라서 $0.96(100 - T_o) = 0.628\alpha(T_o - 20)$. T_o의 값을 가정하여 식 (3.89)로부터 α를 구하고 위의 식으로부터 T_o를 산출하여, 가정치와 같아질 때까지 반복계산을 한다. $T_o = 41.7$ ℃, $\alpha = 4.12\,\mathrm{W/(m^2 \cdot K)}$로 된다.

따라서, $\dfrac{Q}{L} = 56\,\mathrm{W/m}$.

4.1 $\alpha = \dfrac{q}{\Delta T_s}$, $n = \dfrac{\ln\dfrac{\alpha_1}{\alpha_2}}{\ln\dfrac{q_1}{q_2}}$, $C_1 = \dfrac{\alpha}{q^n}$ 로부터 n과 C_1을 구한다. $\alpha = 2.50\,q^{0.7}$.

4.2 (1) 식 (4.19)로부터, $\delta = 0.0637\,\mathrm{mm}$

(2) 식 (4.15)로부터, $\Gamma = 2.50 \times 10^{-3}\,\mathrm{kg/(m \cdot s)}$

(3) 식 (4.23)으로부터, $Re_f = 31.7$

(4) 식 (4.22)로부터, $\alpha = 1.41 \times 10^4\,\mathrm{W/(m^2 \cdot K)}$

5.1 식 (5.29)로부터, $F_{12} + F_{13} = 1$, $F_{21} + F_{23} = 1$, $F_{31} + F_{32} = 1$.

식 (5.28)로부터, $l_1 F_{12} = l_2 F_{21}$, $l_1 F_{13} = l_3 F_{31}$, $l_2 F_{23} = l_3 F_{32}$.

이들 식으로부터, $F_{12} = \dfrac{l_1 + l_2 - l_3}{2 l_1}$

5.2 면 2의 아래쪽 공간 부분에 면 1과 직교하는 $0.5\,\mathrm{m} \times 1.0\,\mathrm{m}$의 면 2′를 가상하고, 면 Ⅱ = 면 2 + 면 2′로 한다. 〈그림 5.5〉로부터 $F_{1\mathrm{II}} = 0.20$, $F_{12'} = 0.15$이기 때문에, $F_{12} = F_{1\mathrm{II}} - F_{12'} = 0.05$. 식 (5.23)으로부터 $Q = 275\,\mathrm{W}$.

5.3 식 (5.27)로부터 $F_{12} = 0.115$. 식 (5.38)로부터 $Q = 134\,\mathrm{W}$.

5.4 진공이기 때문에 구로부터의 방열은 방사에 의해서만 이루어진다. 검게 칠한 상자 내면의 방사율은 1이라 고려해도 좋기 때문에 방사전열량은 식 (5.41)과 동일한 식으로 나타난다. $\varepsilon = 0.69$.

5.5 평판이 흡수하는 태양에너지 $q_1 = 727\mathrm{W/m^2}$. 평판이 방출하는 방사에너지는 식 (5.41)로부터 $q_2 = 432\mathrm{W/m^2}$. 주위의 공간은 진공이기 때문에 평판 표면에서의 대류전열은 없다. 평판의 열수지를 생각하여, $q = q_1 - q_2 = 295\mathrm{W/m^2}$.

5.6 (1) 식 (5.39)로부터 $Q/L = 0.51\mathrm{W/m}$.

(2) 제3의 관(방열관)을 삽입한 경우 방사전열의 등가회로는 〈그림 5.11〉과 마찬가지고, 그 저항의 총합은 $1647\mathrm{m/m^2}$, 따라서 $Q/L = 0.24\mathrm{W/m}$로 되고 감소 비율은 53%.

(3) 〈그림 5.11〉에 나타낸 저항에서도 알 수 있는 것과 같이 삽입하는 제3의 관 표면적 A_3가 작을수록 저항은 커진다. 따라서 직경을 $36.0\mathrm{mm}$보다 작게 하면 내관의 수열량은 더욱 감소하고, 크게 하면 증가한다.

5.7 방사에 의한 전열량은 식 (5.41)로부터 $60.8\mathrm{W/m}$이다. 따라서 대류에 의한 전열량은 $79.2\mathrm{W/m}$이기 때문에 $\alpha = 14\mathrm{W/(m^2 \cdot K)}$.

5.8 공기의 진짜 온도 T_a는 불명이기 때문에 열전대의 온도 $T_t = 550$℃에서 공기의 물성치를 〈표 3.4〉로부터 개략 계산한다[정확하게는 $(T_a + T_t)/2$에 있어서 물성치]. $Re = 85$가 되고, 주어진 식에서 $\alpha = 123\mathrm{W/(m^2 \cdot K)}$. 열전대의 열수지를 생각하여,

$$\alpha(T_a - T_t) = 5.67\,\varepsilon_t\left[\left(\frac{T_t}{100}\right)^4 - \left(\frac{T_w}{100}\right)^4\right]$$

이 식에서 T_a를 구한다($T_w = 663\mathrm{K}$). $T_a = 550 + 22 = 572$℃.

$(572 + 550)/2 = 561$℃에서 공기의 물성치는 550℃에서의 값과 거의 같기 때문에 위와 같이 계산하면 된다.

5.9 $Nu = 2$이기 때문에 $\alpha = 168\mathrm{W/(m^2 \cdot K)}$. 작은 구의 열수지를 생각하여

$$\alpha(T_g - T) = 5.67\,\varepsilon\left[\left(\frac{T}{100}\right)^4 - \left(\frac{T_w}{100}\right)^4\right]$$

이 식으로부터 반복계산에 의해서 작은 구의 온도 T를 구한다. $T = 1079\text{K} = 806\,℃$.

5.10 지붕에서 흡수하는 태양에너지는 412W/m^2. 지붕의 열수지를 생각해서

$$5.67 \times 0.45\left[\left(\frac{T_w}{100}\right)^4 - 3.03^4\right] + \alpha(T_w - 303) = 412$$

T_w를 가정하여 식 (3.86)으로부터 α를 구하고, 위의 식에서 T_w를 산출하여, 가정치와 같아질 때까지 반복계산을 한다. $T_w = 346\,\text{K} = 73℃$.

5.11 〈그림 5.13〉의 경우에 상당한다.

〈그림 5.4〉로부터, $F_{12} = 0.24$(따라서 $F_{13} = F_{23} = 0.76$).

식 (5.45) 혹은 식 (5.47)로부터, $Q = 248\text{W}$.

6.1 $Q = 999\text{kW}$, $T_{c2} = 40.0℃$

병류식 : 식 (6.3)과 식 (6.4)로부터, $\Delta T_m = 22.1℃$가 되고,

식 (6.6)으로부터, $A = 90.4\,\text{m}^2$.

향류식 : $\Delta T_m = 32.4\,℃$, $A = 61.7\,\text{m}^2$.

6.2 (1) $C_c = 4.20\,\text{kW/K} = C_{max}$, $C_h = 2.40\text{kW/K} = C_{min}$이고, 식 (6.21)로부터 $Q_\infty = 120\,\text{kW}$.

(2) $Q = 84\,\text{kW}$가 되기 때문에, 식 (6.19)로부터, $\varepsilon = 70\%$.

(3) $T_{c2} = 45\,℃$, $\Delta T_m = 21.6\,℃$로 되고, 식 (6.6)으로부터 $k = 314\,\text{W}/(\text{m}^2\cdot\text{K})$.

6.3 $Q = 2.25 \times 10^5\,\mathrm{W}$, $\Delta T_m = 27.3℃$, $k = 2.72 \times 10^3\,\mathrm{W/(m^2 \cdot K)}$로 되기 때문에, 식 (2.59)에서 우변 제2항을 δ/λ로 바꾼 식으로부터, $\alpha = 4.61 \times 10^3\ \mathrm{W/(m^2 \cdot K)}$.

6.4 $Q = 3.10 \times 10^3\,\mathrm{W}$, $T_{c2} = 27.0℃$

식 (2.62)에서 정의된 열통과율 k_l은 식 (2.63)으로부터, $k_l = 4.82\,\mathrm{W/(m \cdot K)}$.

병류식 : $\Delta T_m = 21.7\,℃$,

$$L = \frac{Q}{k_l\,\Delta T_m} = 29.6\,\mathrm{m}.$$

향류식 : $\Delta T_m = 25.2℃$, $L = 25.5\,\mathrm{m}$.

6.5 열교환기에서 물과 벤젠의 온도변화는 그림과 같이 되기 때문에 열교환기를 벤젠의 응축부와 액냉각부, 둘로 나누어 각각에 대하여 계산한다.

전체 열교환량 : $Q = 453\mathrm{W}$

액냉각부 열교환량 : $Q_1 = 58\mathrm{W}$

응축부 교환열량 : $Q_2 = 395\mathrm{W}$, $T_{c2} = 36.0℃$, $T_{c3} = 15.9℃$.

액냉각부 : $\Delta T_{m1} = 47.5℃$, $A_1 = 0.97\mathrm{m}^2$.

응축부 : $\Delta T_{m2} = 53.4℃$, $A_2 = 3.08\mathrm{m}^2$.

$A = A_1 + A_2 = 4.05\mathrm{m}^2$.

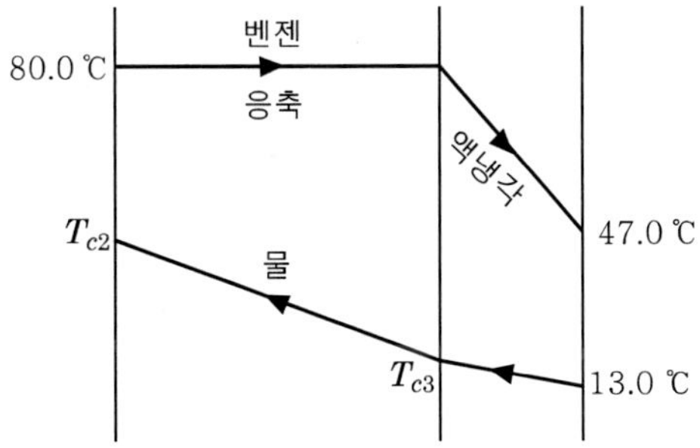

6.6 사용시작 시 : $Q_A = 3.36 \times 10^4\,\mathrm{W}$, $W_c = 0.400\,\mathrm{kg/s}$, $\Delta T_{mA} = 28.9\,℃$가 되고

식 (6.6)으로부터, $k_A = 923\,\mathrm{W/(m^2 \cdot K)}$.

$C_{\min} = C_h$이기 때문에, 식 (6.23)으로부터,

$\varepsilon_A = 66.7\,\%$.

장시간 사용 후 : $Q_B = 3.02 \times 10^4\,\mathrm{W}$, $T_{c2B} = 38.0\,℃$, $\Delta T_{mB} = 32.2\,℃$가 되고,

$k_B = 744\,\mathrm{W/(m^2 \cdot K)}$, $\varepsilon_B = 60.0\,\%$.

6.7 청정면의 경우 : $Q_A = 3.88 \times 10^5\,\mathrm{W}$, $\Delta T_{mA} = 45.9\,℃$,

$k_A = 2.44 \times 10^3\,\mathrm{W/(m^2 \cdot K)}$.

오염면의 경우 : $Q_B = 3.23 \times 10^5\,\mathrm{W}$, $\Delta T_{mB} = 50.5\,℃$

$k_B = 1.84 \times 10^3\,\mathrm{W/(m^2 \cdot K)}$.

따라서 $R_f = \dfrac{1}{k_B} - \dfrac{1}{k_A} = 1.3 \times 10^{-4}\,\mathrm{m^2 \cdot K/W}$

6.8 $\varepsilon - NTU$의 방법으로 푼다.

$C_h = 1.20\,\mathrm{kW/K} = C_{\min}$, $C_c = 2.10\,\mathrm{kW/K} = C_{\max}$, $C_{\min}/C_{\max} = 0.571$,

$NTU = 1.62$이기 때문에 〈그림 6.16〉에서 $\varepsilon = 0.70 = 70\,\%$. 식 (6.23)으로부터 $T_{h2} = 30\,℃$.

6.9 $\varepsilon - NTU$의 방법으로 푼다.

$C_h = 1.53\,\mathrm{kW/K} = C_{\min}$, $C_c = 4.61\,\mathrm{kW/K} = C_{\max}$, $C_{\min}/C_{\max} = 0.332$,

$NTU = 2.67$이기 때문에, 〈그림 6.19〉에서 $\varepsilon = 0.84$.

식 (6.21)로부터, $Q_\infty = 329\,\mathrm{kW}$. 식 (6.19)로부터 $Q = \varepsilon Q_\infty = 276\,\mathrm{kW}$.

$T_{h2} = 250 - 276/1.53 = 70\,℃$. $T_{c2} = 35 + 276/4.61 = 95\,℃$.

제3장

(1) Zhukauskas, A., *Advances in Heat Transfer*, 8, 93, Academic Press, 1972.

(2) Shah, R. K. and A. L. London, *Advances in Heat Transfer*, Suppl.1, Academic Press, 1972.

(3) Kays, W. H. and M. E. Crawford, *Convective Heat and Mass Transfer*, 2nd ed., 275, McGraw-Hill, 1980.

(4) Dittus, F. W. and L. M. Boelter, Univ. Calif.(Berkeley) Pub. Eng., 2, 443, 1930.

(5) Churchill, S. W and H. H. S. Chu, Int. J. Heat Mass Transfer, 18, 1323, 1975.

(6) 藤井哲, 傳熱工學の進展, 3, 1, 養賢堂, 1974.

(7) McAdams, W. H., *Heat Transmission*, 3rd ed., 180, McGraw-Hill, 1954.

(8) Fujii, T. and H. Imura, Int. J. Heat Mass Transfer, 15, 755, 1972.

(9) Gebhart, B., *Heat Transfer*, 270, McGraw-Hill, 1961.

(10) Morgan, V. T., *Advances in Heat Transfer*, 11, 199, Academic Press, 1975.

제4장

(1) Kutateladze, S. S., AEC-Translation-3770, 1952.

(2) Stephan, K. and M. Abdelsalam, Int. J. Heat Mass Transfer, 23-1, 73, 1980.

(3) Kutateladze, S. S., AEC-Translation-3405, 1953.

(4) Nusselt, W., VDI-Z, 60, 541, 1916.

(5) 藤井哲 小田鴿介, 日本機械學會論文集, B, 52-474, 822, 1986.

제5장

(1) Howell, J. R., *A Catalog of Radiation Configuration Factors*, McGraw-Hill, 1982.

제6장

(1) Bowman, R. A., A. C. Mueller and W. M. Nagle, Trans. ASME, 62, 283, 1940.

(2) Kays, W. M., and A. L. London, *Compact Heat Exchangers*, 2nd ed., McGraw-Hill, 1964.

(3) *Standard of Tubular Exchanger Manufactures Association*, 6th ed., 140, 1978.

찾아보기